L'ART DE VOYAGER DANS L'AIR ET DE S'Y DIRIGER.

Mémoire qui va remporter le prix proposé par l'Accadémie de Lyon.

Pallida Luna pluit, rubicunda flat, alba serenat.

On y trouvera entr'autres, la vraye théorie de la Lune & des Esprits, & des moyens sûrs & simples d'entretenir les grandes Routes Terrestres, que l'on devra continuer de fréquenter dans les tems que les Chemins Célestes seront interdits, &c.

A ELLIVENUL,
Au Pays de Rianole pendant la mère Lune de 1784.

AVEC PERMISSION.

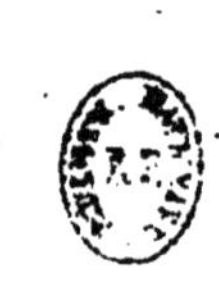

TABLE.

FIN.

PRÉFACE.

Niché entre deux colonnes du Périſtile de l'Ecole militaire, j'ai eu l'avantage de contempler à ſec le Ballon de *Charles*, du 27. Août 1783. J'ai vû partir ce brave dans ſon Globe des Tuilleries, le premier Décembre; le 19 Septembre, j'ai vû à Verſailles, comme St. Paul à Jeruſalem, les animaux de la terre au milieu des airs, & ce n'était pas un rève; j'ai vu charger & ſautiller le *minimum* de l'infortuné *Beaumanoir*. J'ai vu, &c. &c. en voilà aſſez, Meſſieurs, pour vous prouver que je connais mon ſujet & que je n'en parle pas comme un aveugle des couleurs.

De retour à *Ellivénul*, lieu de ma naiſſance, mon cerveau fut continuellement agité d'idées de gaz & d'aéroſtats; je devins maigre, ſec, avec un ſang ardent & point d'appétit. Je ſuivis le conſeil de mon bon ami M. C. chirurgien juré aux rapports; je vécus de vin de Champagne mouſſeux & de macarons au ſaffran pendant quinze jours; c'était jetter de l'huile ſur le feu.

Comme à quelque choſe malheur eſt bon, ce Régime me rendit d'une pétulance & d'une légèreté prodigieuſes, je parvins à ſauter d'un toit à l'autre à travers la rue, en pourſuivant mon chat qui emportait mes macarons ; c'était ma faute, pourquoi l'avais-je accoutumé à cette friandiſe ?

Son nom eſt *Montauciel* ; il a le poil gris mordoré, de trois pouces de longueur, très-ſerré & très électrique. Je lui ſuis fort attaché ; il eſt de race noble, deſcendant en ligne courbe de *Rominagrobis*, qui eut des autels en Egipte. Quoiqu'il en ſoit je l'atteignis & le ramenai ; cette expédition me l'a rendu fidel & docile. Je vous dirai plus loin ſon utilité dans mon projet. (1)

Pour me déſennuyer pendant la neuvaine de mon régime, je furetai une caſſette antique que feu mon père m'avait recommandée & que je n'avais pas encore ouverte ; j'y trouvai un rouleau de feuilles de *papyrus* écrit d'un côté en caractères Grecs ; je me mis à le déchiffrer.

C'était la rélation des découvertes pyrotéchniques faites par le Mage *Pyrodès*, qui, ſuivant que l'atteſte encore *Diodore* de Sicile, a le premier tiré du feu d'un caillou ; ce qui le conduiſit à l'invention de l'amadoue & des allumettes.

Un deſcendant de *Pyrodès* avait apporté ce manuſcrit en Italie, lorſqu'il s'y ſauva dans un Ballon avec d'autres ſavans, au moment de la priſe

(1) Dans ſon arbre généalogique je trouve le chat que *Le-Dante* avait dreſſé à lui tenir avec ſes pattes une chandelle pendant qu'il ſoupait où qu'il liſait.

de Constantinople par Mahomet II. en 1453; le Roi François I. l'attira à Paris, l'annoblit & le maria richement; son fils cadet s'établit en basse Normandie où il bâtit le château du Pirou (1), fameux par le grand nombre d'oies sauvages qui, tous les ans, y viennent pondre & couver familièrement dans des nids qu'on leur prépare exprès le long des fossés de ce château. L'aîné mon trisayeul, fut l'un des instituteurs du jeune Duc de *Rianole* Charles III, qu'il accompagna à son retour dans ses Etats. La sagesse de ce Prince maintint ses peuples dans l'aisance & la paix, à côté de l'anarchie qui désolait les contrées voisines; ce qui détermina *ce Pyrodès* à s'y fixer; les troubles du régne de Charles IV. obligèrent son fils de se réfugier à Metz, d'où mon père vint s'établir à *Ellivénul*, apportant ce précieux titre de famille échappé à tant de révolutions. C'est-là que j'ai appris le secret important que je vais vous révéler, moyennant les 1200 livres que vous avez promises & que je mérite certainement.

Bis (1) Dans le Bailliage de Cotentin, ses armes sont *de sinople, à la bande d'argent, accostée de deux cotices de meme.* Voyez le Dictionnaire généalogique, Héraldique 1761, pag. 137. du Tom. VI.

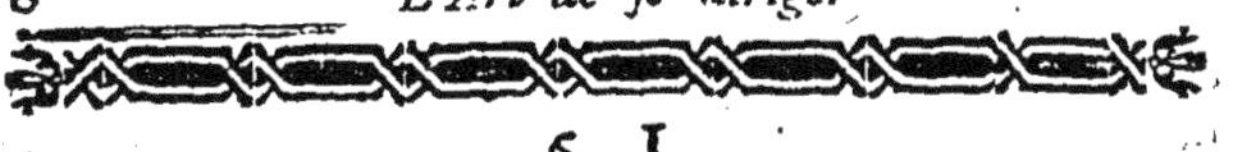

§. I.

L'ART DE VOYAGER DANS L'AIR.

I. PARADOXE.

La nouvelle Lune est le tems le plus favorable au départ; & la Lune du Solstice d'hiver la plus efficace.

IL est incontestable que la Lune en conjonction avec la Terre & le Soleil a plus d'influence sur nous, en étant d'ailleurs plus voisine d'un soixante-neuviéme, que dans les quadratures. Sa puissance se manifeste assez par le flux & reflux de la Mer, où elle agit avec six fois autant de force que le Soleil : ce qui augmente encore dans les Syzygies. L'air est plus sec alors que dans l'opposition. La Lune pompe les esprits vitaux surabondans ; on s'en apperçoit par la diminution successive de volume dans le cerveau & la moële des animaux, qui se remplissent après la pleine Lune.

La période de dix-neuf ans, qui ramène la Lune à la même position, dans les mêmes jours de l'année, montre bien son influence sur les saisons. En 1764, il y eut, comme en 1783, des brouillards secs en Juillet, des orages & de la grêle. (2)

(2) On peut s'en convaincre en lisant les prophéties perpétuelles de Thomas Joseph *Moult*, qui annoncent pour l'An 1783, un été sec & chaud, un hiver froid avec de grandes neiges, bonne vandange, paix générale dans toute la chrétienté, & grande invention d'arts, dans un grand Royaume.

La Lune, dit *Méad*, presse inégalement l'air selon la diversité de son cours; sa plus forte pression est nécessaire pour arrêter l'impétuosité des esprits qui donnent au sang & aux autres liqueurs le mouvement nécessaire pour couler, & aux ressors l'activité qui leur convient. Le relachement suit d'une pression moindre. Plusieurs maladies ont leurs révolutions réglées sur le mouvement de la Lune. L'Epilepsie, par exemple, la Rage, la Folie, la Goute ont leurs crises relatives au cours de cette Planète. *Kerkringius* parle d'une femme dont le visage changeait sensiblement à chaque changement de la Lune, & *Bartolin* cite une autre femme qui variait dans ses idées & dans sa phisionomie, selon les diverses phases du même Astre. *Tantum*, dit ce sage Médecin, *corporibus nostris cum Cœlo commercium.* Ce n'est donc pas sans raison que les Astrologues, les Médecins, les Laboureurs & les Jardiniers, lui attribuaient beaucoup de vertus; une expérience constante de milliers de siécles a porté les peuples à la regarder comme une divinité & à lui établir un culte de reconnaissance; il est vrai qu'*Arioviste* Roi des Suéves, laissa passer l'occasion favorable de battre les Romains parceque les Prophêtesses qu'il avait à sa suite lui défendirent de s'engager dans un combat avant la nouvelle Lune.

Mais les Péruviens regardaient la Lune comme la sœur & la femme du Soleil, & comme la mère de leurs Incas ou Empereurs. Ils l'appellaient la mère universelle de toutes choses, & lui témoignaient la plus grande vénération.

Les Hottentots s'assemblent dans les nouvelles Lunes pour danser toute la nuit.

Le Carême des Turcs finit avec la Lune; ils sont tous si impatiens de voir la nouvelle libératrice qui doit mettre fin à leur abstinence rigoureuse; qu'ils montent sur les toits des maisons & sur les hauteurs pour la voir paraître; aussitôt qu'elle touche l'horizon, ils la saluent à différentes fois de la manière la plus respectueuse; dans les châteaux, les plus forts canons annoncent son heureuse apparition par des décharges réïtérées. Les trois jours suivans son consacrés à des Fêtes & à des réjoüissances.

Les anciens se mariaient ordinairement dans le mois de Janvier appellé pour cela *Gamélion*, la Lune Mère.

L'Année des Druides commençait au solstice d'hiver, la sixiéme nuit de la Lune. Ils appellaient cette nuit, *la nuit mère*, comme produisant toutes les autres (3), on comptait encore en France par nuits dans le douziéme siécle.

Young enfin, dans ces derniers temps, a rétabli l'honneur de la Lune, dans une invocation que je fais comme lui. (4)

O Toi Reine des Nuits & des Etres paisibles !
Dont l'éclat vacillant plait aux ames sensibles,
Parais ; viens m'inspirer, lorsque l'astre des jours
Du cercle qu'il décrit a terminé le cours.
Déité bienfaisante, on te voit dans l'espace,
Lever un front modeste & régner à sa place.
Tu viens dans le silence éclairer l'univers,
Sur ton thrône étoilé qui brille dans les airs ;

---

(3) César, *de Bello Gallico*, *lib*. 6.
Au Japon *Peiroug*; chez les Grecs *Pyrra*; dans l'Inde, le feu ou *Chireg*, sous la forme d'une flamme, échapaient au désastre du monde & en réparaient bien-tôt les ruines.

(4) Traduction libre de Mr. de Villette. Extrait du 4. Chant des nuits d'Young.

Les Globes lumineux de la Sphère éternelle,
Suivent avec respect ta marche solemnelle;
Des mondes infinis peuplent le firmament,
Et seule tu conduis, tu vois leurs mouvemens;
Tu peux de leurs accords entendre l'harmonie;
Daigne la répéter à mon âme attendrie.

Toutes ces circonstances & d'autres me déterminèrent non seulement à choisir pour le tems de mon départ, celui du solstice, mais encore à faire les dispositions convenables pour arriver jusqu'à la Lune, & en revenir sein & sauf; c'est ce qui m'a heureusement réussi, graces à Dieu & à l'inflammation de mon cerveau qui m'a fait imaginer tant de belles choses. Je ne regrette point mes dépenses d'esprit & de bourse, puisqu'elles vont me procurer le suffrage d'une société spirituelle des plus illuminées du Royaume.

Notâ : *Par un hazard singulier, & que je conjecturai de bon augure, la nouvelle Lune ou* Lune mère *commencée le mardy 23. Décembre à 11. heures 30. minutes du soir, se lévait le 24, veille de Noël, bon jour, bonne œuvre. Le Soleil était entré au signe du Capricorne le Dimanche 21. à neuf heures 22, minutes du soir, moment du solstice.*

---

§. II.

II. PARADOXE.

La Lune est à une distance de la Terre, moitié plus grande que les Astronomes ne nous le disent.

L'Analogie est le guide des Géomètres : je vais l'employer à redresser une erreur des telescopistes. C'est une obligation de plus que vous m'aurez, Messieurs ; mais je vous quitte pour les 1200 livres, ceci est un par dessus le marché, tout comme les autres épizodes dont je vous gratifierai.

Le Ballon du champ de Mars avait 2. toises de Diamètre ; à la hauteur de 340. toises, il paraissait comme la Lune vue de jours, & il était parvenu à cette élévation en deux minutes. (5)

Le Diamètre de la Terre est de six millions, 535 milles, 964 toises de France, suivant *Picard*, ou 2863 lieues deux tiers de 25 au dégré ; il est au diamètre de la Lune, à peu près comme 11 & à 3, ce qui fait pour celui ci un million 182 milles, 536 toises.

Disons à présent : si un Ballon de deux toises de diamètre parait de la grandeur de la Lune à 340 toises de hauteur, à quelle distance doit être un autre Ballon d'un million 782 milles 536 toises, pour avoir la même apparence ? il viendra au quatrième terme 303 millions, trente-un milles, 120 toises, ou 135 milles, 136 lieues, & demie ou près de 93 demi diamètres de la Terre, tandis que la plûpart des Astronomes ne font cette distance que de 59 de ces demi diamètres, *Vindeline* de 60, *Copernic* de 60 un tiers ; *Kirker* de 60 & demi, *Tycho* de 56 & demi, *Cassini* entre 61, 56 & 52, *Neuton* de 61, à 60. L'erreur des Astronomes vient de la difficulté d'avoir avec précision la paralaxe : *Neu-*

(5) M. *Charles*, pesant 225 livres, est monté le 1. Décembre à 1534 toises en 10 minutes, c'est presque aussi vîte que le premier Ballon isolé.

ton a fait son calcul sur le diamètre apparent de 31 minutes un cinquiéme pour la Lune, & de 31 minutes neuf vingtiémes pour le Soleil; or les vapeurs de l'atmosphère grossissent à nos yeux, par la réfraction de la lumière, l'image de la Lune & du Soleil, comme on s'en apperçoit quand l'un ou l'autre de ces astres est à l'horizon. *Vigneul-Marville* (mélanges d'hist. & de littératures, Tom. I. p. 56.) parle d'un savant qui étant monté sur le sommet du Pic de Ténérif, dont la hauteur perpendiculaire est d'environ une lieue, le Soleil ne lui avait pas paru plus grand qu'une grosse étoile, il doit en être de même de la Lune.

Combien aurait-il fallu de tems au Ballon du champ de mars pour arriver à la Lune en ligne droite, avec une vitesse de deux minutes, pour 340 toises, qui est 60 fois moindre que celle du son ordinaire?

On trouvera 1. 782. 536 minutes ou 3 ans 4. mois deux tiers, en supposant la Lune immobile, on verra plus loin pourquoi je dis cela.

Un Boulet de canon ferait ce chemin dans 39 jours, en conservant sa vitesse première, laquelle serait à celle du Ballon comme 32 à 1. ou moitié de celle du son.

En 27 jours, 7 heures, 45 minutes, la Lune parcourt son orbite qui est de 858 milles 430 lieues, ce qui fait vingt-une lieues quatre cinquiémes par minute; vitesse qui est à celle du Boulet, à peu-près comme neuf à un, & à celle du Balon, comme 294 à 1. indépendament du tour qu'elle fait sur elle-même pendant ce mois périodique, mouvement qui est de 142 toises par minute.

Voilà mon billet d'étape expédié, il ne s'agit plus que de faire la route : bagatelle.

---

§. III.

CONSTRUCTION DU TAMBOUR VOLANT

ET CALCUL DE SA FORCE.

IL était question de remplir mes Ballons d'une matière assez subtile & assez élastique pour mettre le poids de ma personne & de mon équipage en équilibre avec l'air atmosphérique, il fallait encore que cet agent eut une vélocité d'ascension au moins trois fois plus grande que celle d'un Boulet de canon (6), pour que je pusse arriver dans treize jours au plus à la Lune, c'est-à-dire quelque tems avant son plein, afin de profiter de la plus grande attraction qu'elle exerce sur nous jusqu'a ce moment, depuis qu'elle a reparu sur notre horison.

Le Soleil nous lance le feu par sa présence ; la Lune nous l'arrache pendant la première moitié de sa période & nous le renvoye pendant l'autre.

Le feu sous toutes les dénominations s'échappe de la terre, dont l'attraction est nulle pour

---

(6) Suivant le fameux *Haller*, (Elémens de Physiologie) le son le plus aigu qu'on puisse entendre, demande 7520 oscillations par seconde. Je monterais donc d'une toise pendant qu'une corde de violon ferait dans ce cas 30 vibrations : c'est une marche raisonnable, qui n'est pas trop payée à 4 francs par heure avec vos 1200 livres, puisque je n'aurai que deux deniers un huitiéme par lieue, en ligne droite, ou un neuviéme de denier en ligne courbe pour aller seulement & rien pour revenir ni pour le séjour ; un milicien est mieux traité quand il va passer la revue.

lui. La Lune le dérobe à l'insçu du Soleil. Ses effets sont plus sensibles à l'ombre, la nuit, l'hiver, c'est donc d'une matière ignée ou éthérée que j'ai dû m'accompagner, la plus légère sera la plus attirée.

J'avais d'ailleurs appris d'*Aristote* (*liv.* 1. *des Météores*, *ch.* 3.) que les vapeurs sont élévées dans l'air par un feu qui n'est pas du feu; & j'avais lû dans une dissertation de *Bayle* de 1687. pag. 16, que si le milieu dans lequel se fait le mouvement résiste plus audessous du mobile qu'au-dessus, cette résistance pourra non seulement retarder la descente, mais encore déterminera le mobile à s'élèver, si sa vitesse est fort grande & sa pésanteur fort petite.

Dans la boëte où était le manuscrit de *Pyrodès*, je trouvais aussi un habillement bleu de la femme d'un de mes ayeux, qui était du Japon. Vous savez, Messieurs, que la soie de ce pays est la meilleure du monde; les étoffes en sont si fines & si légères, que les femmes en portent quelques fois en même tems cinquante robes, qui diminuent de longueur par dégré, de manière qu'on les puisse compter, & qui cependant ne pésent pas toutes ensembles plus de cinq livres.

J'en fis deux Ballons de douze pieds de diamètre, suivant les deux systêmes régnans : le premier de la forme d'un œuf (7), que j'enduisis de Gomme animale tirée des Limaces, qui est impénétrable à l'air & à l'humidité, élastique & bien plus légère que les résines extraites des

(7) Les Druides du Collége d'Autun avaient pour armoiries dans leur bannière, d'*Azur*, *à l'œuf de serpent d'argent*, *surmonté d'un gui de Chêne garni de ses glands de synople.* (*Religion des Gaulois.* *Tit. I. pag.* 215.)

végétaux; d'ailleurs la soie & son enduit étant des matières animales, devaient, d'après les expériences des Phisiciens les plus acredités, écarter de moi les funestes effets des météores électriques que je pourrais rencontrer: la couleur bleue y contribue encore.

Je remplis ce Ballon d'une matière extrêmement simple & déliée, & encore animale pour trente-six raisons.

C'étaient des émanations lumineuses tirées de mon corps & de celui de mon Chat. J'ai eu l'honneur de vous dire, Messieurs, dans ma Préface, que nous faisions le même ordinaire; ce qui nous subtilisait le sang en l'imprégnant d'une quantité considérable de souffre, lequel filtré par les veines capillaires, s'échappait de nous en longues étincelles au moindre frottement.

Pendant les trois jours & les trois nuits qui précéderent mon départ, je fis coucher *Monte-au-ciel* dans le Ballon, & j'y entrai en chemise chaude chaque deux heures, après avoir bu une bouteille de Champagne, & mangé deux macarons: là je frottais mon chat à contrepoil, & je me frottais moi-même. Nous répandions un nombre infini de petites flammes qui parvinrent à gonfler le Ballon, je l'assujettis au plancher par des cordes & des cloux.

J'avais tout à espérer de la légèreté prodigieuse de ce Globe, plus encore de son feu animal impatient de monter. Ce feu approche de la nature de la lumière du Soleil, dont la densité est à celle de l'eau, suivant *Boschovick*, dans le rapport de la seule unité à l'unité suivie de 75 zéros.

Or l'air atmosphérique est environ mille fois

plus leger que l'eau & dix fois plus lourd que l'acide phosphorique ; donc mon agent est plus leger, cent vingt-trois zillons de fois que l'air Carlovien, (c'est l'unité suivie de 73 zéros.)

Il est démontré que l'Ether ou nagent les corps célestes, pour ne pas opposer une résistance sensible au mouvement annuel de la Terre, doit être trois cens mille fois plus rare que l'air ; & M. *Bouguer* a prouvé par de célébres expériences, que la lumière de la Lune était aussi trois cens mille fois plus poreuse que celle du Soleil ; par conséquent je n'avais pas à craindre les détonations, car il me restait encore soixante-huit zéros, pour parer aux inconvéniens ; d'ailleurs un corps qui pése sur la Terre 3600 livres, étant transporté à la distance moyenne de la Lune, ne péserait qu'une livre ; ainsi mon train dont le poids n'était en tout que de cent livres, n'y devait plus péser une demie once.

Le Globe du champ de mars pésait avec le gaz vingt-cinq livres ; il s'est élévé avec une force de quarante livres, par neuf cens cinq pieds cubes d'air inflammable.

La machine de Montgolfier, du dix-neuf Septembre, pésait sept à huit cens livres, contenait quarante mille pieds cubes de gaz, & pouvait, dit-on, enlever environ douze cens livres : sa charge ne fut que de six cens.

Si 905 pieds de gaz emportent vingt-cinq livres ; quarante mille pieds en emporteraient 1105 livres. Or l'air Mongolfien a enlevé treize à quatorze cens livres, il a donc environ un quart plus de force que l'autre, mais il ne peut s'élever aussi haut, ni durer aussi long-tems.

Suivant le premier ſyſtême, le mobile d'un Globe de même capacité que celui de *Charles*, devait pour m'enlever, être un gaz ſeulement quatre fois plus léger que le ſien : mais il me fallait auſſi une viteſſe 96 fois plus grande pour arriver à la Lune dans mes treize jours, comme je l'ai déja dit, ou un gaz 384 fois plus rare que le Carlovien, & capable de ſoulever un poid de près de dix mille livres.

J'ai fait tous ces calculs pour vérifier la vertu de l'ingrédient de mon ancêtre ; car on ne doit pas ſe fier à ſes parens : & l'exemple de Phaëton me faiſait tenir ſur mes gardes, heureuſement j'ai trouvé bien des zêros de reſte, & mon expérience prouve que le procédé de *Pyrodès* eſt le ſeul dont les aéronautes doivent ſe ſervir. c. q. f. démontrer.

---

§ IV.

SUITE DU MÊME SUJET.

JE fabriquai une caiſſe en forme de tambour de deux pieds de diamètre & de hauteur, dont l'aſſemblage était de baleines & de cordes de boyaux ; & j'y pratiquai un ſiége de même matières, le tout était revêtu de mon taffetas.

Une tige de baleine de huit pieds de hauteur, forée dans toute ſa longueur, communiquait par le haut aux deux Ballons, & traverſait le milieu de ma caiſſe, ſous laquelle une clavette arrêtait l'autre bout.

A la tête de ce mât j'attachai une vergue ſur laquelle tournaient à charnières deux aîles de ſix pieds de long & deux pieds de large, faites de de tringles de baleine & de mon étoffe du Japon.

Six branches & un anneau, comme aux Parapluies, servaient à les mouvoir à mon gré le long du mât, qui passait entre mes jambes. Ces aîles m'enveloppaient en s'appuyant sur le bord de ma caisse, quand je montais & devaient me tenir lieu de *Parachute*, en les développant quand je reviendrais; haussées jusqu'à l'horizontale, elles ne laissaient point de prise aux vents; baissées, si le vent est favorable, elles tiennent lieu de voile, &c.

J'ai dit que j'avais fait deux Ballons avec les juppes de ma grand'mère; voici le second; je lui donnai la figure Mongolfique, j'en avais fait tremper l'étoffe dans de l'eau d'Alun pour la rendre incombustible & j'avais enduit le dedans de Naphte, qui attire le feu; l'ouverture inférieure avait deux pieds de long sur un pied de large; vous saurez pourquoi dans le Paragraphe suivant.

Je le fixai sous ma Caisse, afin d'être à la fois tiré & poussé en haut.

Un cordon de soie attaché au sommet du Ballon supérieur, venait passer dans un anneau du mât & se nouer à mon poignet, d'où en le tirant je pourrais incliner ce Ballon pour m'en servir de gouvernail, quitter la perpendiculaire quand je voudrais, & enfiler la diagonale; direction dont je prévoyais avoir besoin puisque la route d'ici à la Lune est oblique.

Et il ne faut pas craindre que les vents contraires me dévoyent dans mon chemin, la vitesse de mon ascension ne leur en donne pas le tems; au reste je m'étais muni de deux rames de mon Taffetas qui se pliaient comme un livre, quand

je les avançais contre le vent & se dévelop-paient en les retirant; ce qui me faisait avancer à reculon du côté que je voulais, dans les premiers momens de mon départ, jusqu'à ce que je fusse hors de l'action des vents.

§. V.

DÉPART.

TOutes mes piéces étant prêtes, le 24; je les fis transporter sur la Montagne du Lyon après que mon ami le Chirurgien-juré aux rapports, dont j'ai parlé, eut fait le tarre de ma personne & de mon train, qui étaient réduits à 100 livres, y compris mon Chat, une montre, trois douzaines de macarons, deux livres de tabac à fumer, une pipe, douze bougies phosphoriques de *Massandi* de Milan, pour l'allumer, un manteau de soie du Japon doublé de peaux de taupes, avec un grand capuchon de même; j'aurai l'honneur de vous en produire le certificat, Messieurs, si vous l'exigez.

Cette Montagne domine une vaste pleine où est la ville *d'Ellivénul*, bâtie en croissant, & dont les armes sont trois nouvelles Lunes. Elle est couverte d'un bocage antique consacré jadis à Diane, c'est-à-dire à la Lune, dont cette ville, l'ainée de toutes celles du pays, porte le nom.

Sur cette éminence élévée de 400 pieds au-dessus de la plaine, était la métropole des Druides du pays (8); le grand chef y com-

(8) *Drus* ou *Deru* signifiait en Celtique & signifie encore aujourd'hui en breton, un chêne, du chêne, *Druyde* vient sans doute de *Drus* à cause de la vénération qu'avaient les

posait l'almanach qu'il distribuait à ses subalternes répandus dans la Province, quand ils venaient y assister à la cérémonie du *Gui l'an neuf*, au solstice d'hiver. Les Bénédictins leurs ont succédé, j'en suis bien aise; car le vieux frere qui les y représente ne tirant pas vanité de sa place, comme aurait fait le grand chef, alla lui même sans scrupule me couper plusieurs brassées de Gui que je lui demandai, & m'aida de toute sa force. Son zèle m'a beaucoup servi; & je prie M. le Prieur de *Linem* de ne pas lui en vouloir.

J'arborai mon équipage au sommet de la grande cheminée du fermier, où il s'adaptait exactement, (9) & je le retins par des cordes attachées au toit, à l'aide du frere Jacques. Je jettai mon *Gui* sur le foyer, & pendant qu'il brûlait je fus boire à la fontaine sacrée dont je fis sept fois le tour (10) en sautant sur une jambe, afin de me rendre propice la planète que j'allais visiter: on ne sçaurait trop bien faire sa cour.

Druides pour les chênes, on appellait *Druyer* que nous prononçons *Gruyer* celui qui garde & conserve les Forêts, ou qui au moins doit les conserver.

Les Prêtres des Guèbres, dit *Chardin*, leur enseignent qu'une des plus vertueuses actions, c'est de planter un arbre. Nous serons bientôt obligés d'être aussi vertueux.

(9) Vous sçavez que les sorciers, Messieurs, partaient ainsi par la cheminée pour aller au sabat. Ils avaient sans doute quelque connaissance de mon sécret,

(10) Les Nimphes Grecques se tenant par la main, dansaient au tour d'une fontaine dans la prairie ou dans un bois, en l'honneur de *Diane*.

Les Grecs modernes, comme les Anciens, dansent au tour d'un puits ou d'une fontaine la danse militaire appellée *Pyrrhique*.

Les femmes d'Eleusis avaient institué des danses au tour d'un

J'oubliais de vous dire que j'avais suspendu à l'orifice de mon Ballon inférieur un cul de vessie rempli d'huile de girofle & de fraxinelle, impregnée de phosphore liquide tiré d'urine. Ce mélange, comme vous sçavez, jette continuellement des rayons de lumière, & devait servir, avec l'enduit de Naphte, à conserver la flamme du Gui dans le Ballon, & à l'y entretenir.

Je veillai la *Souche* avec la famille du fermier & le frere Jacques; j'achevai de boire avec eux les bouteilles de Champagne qui me restaient, tout en faisant des contes de sorciers & en fumant ma pipe. Le tabac en feuilles étant l'unique aliment dont je me proposais d'user dans mon voyage, ayant lu dans un livre du Jésuite *Laffiteau*, que les Iroquois passent quelque fois trente jours, ne se nourrissant que de cette plante ou de sa fumée.

Je n'emportai point de tablettes à écrire, parceque j'ai bonne mémoire, ni l'attirail des instrumens d'Uranie, parceque j'avais un autre but que celui de leur usage & je m'en applaudis; vous n'aurez pas du moins à me reprocher, Messieurs, d'avoir été sur vos brisées; la gloire des observations vous est réservée: il me suffit de vous en tracer la route, & d'empocher vos 400 Ecus, d'aillieurs je tremblais de tomber dans le même embarras que le précautionné voyageur de Paris à saint Cloud par Terre & par Mer.

---

puits nommé *Callichore*.

C'est pour cela que j'ai dû danser au tour de la fontaine de la Lune.

A minuit ſonnant je grimpe ſur le toit, je monte dans ma Caiſſe, je déploie mon manteau, baiſſe ma capuche & mon *Para*; frere Jacques coupe les cordes, & je pars comme un éclair, ma pipe à la bouche & mon Chat ſur mes genoux. (11)

§ VI.

ROUTE.

JE voguai au levant ſuivant mon intention; j'apperçus un inſtant les clartés de la ville *d'Ellivénul* ſur la quelle je paſſais, & j'en entendais le ſon des cloches; mais, adieu ma chère patrie: je vis bientôt le Soleil qui fut encore caché longtems pour toi. (12) Comme notre pauvre terre ſe rétréciſſait! elle me faiſait pitié: je crus qu'elle ſe fondait. Elle ne me parut plus avoir que deux pieds de diamètre à mon arrivée à la Lune qui fut dans ſix jours & demi au lieu de treize: j'eſtime par l'à que dans la première minute je franchis les quinze lieues que l'on attribue au tourbillon ou à l'atmoſphère de la Terre, qui eſt le patrimoine des vents,

(11) Un Entonnoir de taffetas placé à peu de diſtance au-deſſus de *Montanciel*, en recevait les étincelles que j'excitais, & les communiquait au Ballon ſupérieur, par la tige creuſe où étaient adaptés les robinets & les ſoupapes néceſſaires, afin d'entretenir mon Gaz.

(12) Le Soleil ſe levait pour la Terre ce jour là à huit heures & la Lune à neuf heures & demie, au moment de mon départ je conſultai mes inſtrumens, le Thermomètre marquait zéro, & le baromètre vingt ſept pouces deux lignes, le tems était ſérein, & il avait neigé la veille. J'avais auſſi choiſi la nuit, parce que le froid y eſt plus grand, ce qui favoriſe l'Aſcenſion.

& je faisais 860 lieues par heure ; donc j'allais trois fois aussi vîte que le son, ce qui justifierait l'opinion moderne de M. *Cara* qui nous gratifie de deux lunaisons par mois, au lieu d'une, que nos yeux nous persuadaient auparavant, mais il est certain que la rapidité de ma course était accelérée à mesure que je m'éloignais de la terre, selon la raison inverse du carré de la distance, de sorte que ma vîtesse moyenne fut au moins double de celle que j'avais premièrement supposée, il y a plus.

La Courbe que j'ai parcourue a dû être une *Hélice* de six volutions, dont le commencement fut une S, que je traçai en allant d'abord au levant où était la Lune, puis revenant vers le couchant pendant les treize première heures, jusqu'à ce que la Lune fut à son apogée ; après quoi je marchai sous elle m'en approchant toujours, en faisant six fois le tour de la Terre ; ce qui a rendu mon voyage dix-huit fois plus long que la distance perpendiculaire de la Terre à la Lune ; mais il est impossible d'enfiler droit le rayon simple qui d'écrit l'orbite de cette planêtte vagabonde, il faut courir après elle comme des fous.

Donc en multipliant par dix-neuf, (nombre qui s'accorde avec celui du cicle lunaire) les 135 milles 136 lieues & demie trouvées pour le rayon, on sçaura le chemin que j'ai fait : ce qui revient à seize mille 340 lieues par heure moyenne, ou vingt-sept pieds par seconde, ou huit pieds pendant une vibration de corde, pour le son le plus aigu.

Telle est la vraie mesure de la puissance de mon gaz ; c'est encore une preuve de la bonté de la recette de *Pyrodès*, & que j'en avais rempli avec exactitude toutes les conditions : plus heureux, réussissant du premier coup, que les Alchymistes, qui la centiéme fois qu'il recommencent le grand œuvre, ne peuvent parvenir à changer le plomb en or ; il est vrai que *Pyrodès* parle plus clairement que leur patron *Raimond Lulle.*

Vous voilà bien au fait à présent, Messieurs ; quand vous voudrez donc aller à quelque centaines de lieues de chez vous en peu de tems, car ce n'est pas la peine de faire de la dépense pour une petite course ; ayez un équipage comme le mien, prenez un jour depuis la nouvelle Lune jusqu'au premier quartier, choisissez le tems que cet astre est dans la direction de vôtre route, & partez ; vous aurez calculé auparavant d'après mes principes, & relativement aux révolutions réciproques des deux planètes, combien vous devez être de tems en l'air ; & quand vous croirez approcher du terme, laissez vous descendre comme vous verrez que j'ai fait.

---

§ VII.

ARRIVÉE.

Rencontre de mon grand Pere, premiere conversation, touchant la nature & l'office de la Lune & sur la Métempsicose.

OUf ! quelle tape ! l'attraction fait la pesanteur, Messieurs, je l'ai bien senti. A six heures du matin le trente - un Décembre, suivant le calcul de ma montre, la Lune étant au premier quartier, mon Ballon heurta violemment contre cette planète ; la secousse faillit à me désarçonner ; mais compressible & élastique, il para le coup, sans crever ; l'envelope qui forme la Lune ayant d'ailleurs les mêmes qualités comme je l'ai reconnu.

Je mis pied à terre, ou plûtôt pied à Lune, mais au lieu de marcher, je volais, pour ainsi-dire ; je bondissais, comme sur un Ballon qui se gonfle ; je ne pesais presque rien ; des flammes sortaient de ma tête comme jadis à *Esrom* (13) ; mon Chat effraié me griffa ; je le lâchai. Il retourna dans sa niche.

Moi, plein d'audace (il n'était plus tems de reculer), je me laissai aller au hazard, & je ne fus pas longtems sans rencontrer une être animé. Il avait bien la figure humaine ; mais il était transparent, comme ces mouches éphémères, qui tombent quelque fois la nuit sur l'eau pendant l'été, & que le peuple appelle *manne des poissons*. Je lui souhaitai une bonne & heureuse Année.

Qui est tu, me dit-il ? je suis un *Pyrodès*. Que cherches-tu ? Un de mes ancêtres dont j'ai hérité l'art de venir ici. Embrasses-le, mon fils, c'est-moi ; je suis le chef des neuf concierges de la Lune, chacun de nous à son tems ; & tu arrives à propos pour me voir ; car il n'y

---

(13) La vapeur champenoise dont mon cerveau était rempli & qui n'avait pas peu contribué à mon Ascension, se dilatait dans cette région des Esprits, comme on vit dans le dernier siècle une flamme la nuit sur la tête de *Febourg* sécrétaire du Roi de Dannemrck, qui venait d'être pendu, ce qui persuada le peuple de son innocence, si l'on en croit *Vigneuil*, *Marville* (*mélanges d'histoire & de littératures* Tom. 3. pag. 255.) au reste je pense avec *Saverin*, que l'homme est une plante dont la tête est la fleur.

a pas un mois que je ſuis revenu de Paris. Je ſuis ſeul ici; c'eſt au tour de mes huit confreres de courir la pretentaine (14); les Eſprits vitaux des animaux terreſtres occupent tous nos ſoins, & par eux nous ſavons tout ce qui ſe paſſe ſur ta groſſe vilaine planète, autour de la quelle nous faiſons patrouille (15); c'eſt pourquoi j'ai un reproche à te faire: j'ai découvert l'art d'allumer du feu; & tu a publié celui de l'éteindre; c'eſt manquer d'égards pour la mémoire de ton grand Père, & tu viens ſans doute, lui en demander le pardon. Je te l'accorde en conſidération de ton intrépidité & de ton adreſſe à profiter des leçons que j'ai laiſſées à ma ſeule famille, & dont perſonne n'a ſçu tirer parti comme toi.

Puiſque vous êtes ſi généreux, lui repli-

(14) Ainſi l'on ne doit ajouter aucune foi aux ſuppoſitions de *Huigens* & de *Fontenelle*, ni aux contes de *Cirano* de *Bergerac* qui peuple la Lune d'oiſeaux, ni aux rêves du *Charvolant* de Miſſ-Marie *Wouters*, qui fondait en 1783. cinq Royaumes dans cette planète analogues aux cinq ſens de l'homme, & gouvernés par des femmes; ni à la relation contradictoire à la premiere, que cette dame a encore publiée la même Année, dans le Décaméron Anglais, des contretems qu'eſſuyerent les ſept ſages de la gréce dans un voyage de trois iours qu'ils firent à la Lune, où ils ne s'occuperent qu'à boire, manger, danſer, chanter avec des Nimphes, ſe battre avec leurs rivaux, puis plaider contre'eux en réparation, au lieu de faire les obſervations dont ils s'étaient propoſés de repaitre leur curioſité à l'aide du nuage que Jupiter leur avait accordé pour voiture. Je ſuis perſuadé que les ſçavans de Lyon ſont plus ſages & qu'ils profireront comme moi, de leur ſéjour dans la Lune pour s'inſtruire de ce qu'ils ne ſavent pas. Je conſens encore de leur donner des lettres de recommandation pour Monſieur mon grand Pere.

(15) Vous voyez par là que c'eſt la Lune qui tourne & que M. *Poinſinet* à tort de la ſuppoſer immobile & de lui donner la terre pour ſatellite, ce qui d'ailleurs ne ſerait guères honorable pour nous.

quai-je, ayez aussi je vous prie, la complaisance, mon cher ayeul, de me dire un mot sur la forme & la destinée de la planète où nous sommes.

„ Tout est organisé, tout est animé dans la nature, me repondit-il; la circulation perpétuelle des esprits forme & entretient le mouvement & la vie. „ (16)

„ Ce que vous appellez l'électricité, le feu, la lumière, le phlogistique, le magnétisme, les affinités chimiques, ne sont que les modifications du même principe, qui compose & décompose tour à tour, qui produit les plus beaux effets, qui décore la nature, qui fait végéter les plantes, & qui dévelope par tout les germes de l'existence. „

„ La Lune est un grand vuide; son envelope sur laquelle tu marches, est une matière élastique, transparente, solide & irritable. Les Esprits vitaux qui émanent de la Terre se portent ici en foule, ils dilatent notre astre successivement depuis l'instant qu'on appelle nouvelle Lune, jusqu'à son parfait gonflement ou sa plenitude. Alors son irritabilité s'éveille par l'abondance des esprits; sa membrane se contracte, & ceux-ci pressés s'échappent à travers ses pores, avec la méme activité qu'ils y étaient entrés, effet qui dure jusques à l'entier applatissement de la Lune,

(16) *Pytagore*, *Confucius* & *Platon* pensaient aussi que Dieu ayant uni toutes les différentes parties de l'univers, en n'en faisant, pour ainsi dire qu'une seule substance, le doua d'une ame & d'un esprit, par ce que tout ce qui est animé est bien plus parfait est plus noble que ce qui ne l'est point. Il lui donna aussi une figure ronde, par ce que la forme d'un Globe est la plus parfaite.

pour recommencer de même ; elle ressemble en cela au cœur des animaux dont elle a le mouvement pareil de systole & de diastole; cette propriété fait chez vous la circulation du sang, & chez nous celle de vos Esprits. „ (17)

„ Ton cœur que j'évalue à douze pouces cubiques de volume, est à la masse de la Lune pleine, comme un est à neuf, suivi de vingt-deux-zéros. Mais ton sang parcourt deux toises de ton corps dans une seconde, tandis que la Lune met deux millions, 360 milles, 700 secondes pour se remplir & se vuider par une circulation de 606, millions 62 milles 240 toises entr'elle & la terre. La vîtesse qu'elle imprime au fleuve des esprits est donc de 256 toises, trois quarts par seconde ou 128 fois plus grande que celle du sang; d'où il suit que 128 livres de bon sang contiennent une livre d'esprits, à l'a-

---

(17) La plus ancienne doctrine qu'on ait en Europe sur les ames, admet leur transmigration. Elle a été la premiere en vogue en Afrique & en Asie. Les Egiptiens en avaient fait un point essentiel de leur théologie.

Si les ames ne retournent pas dans d'autres corps, disaient les sectateurs de la metempsicose, il faut que leur nombre soit infini, ou que la divinité en crée continuellement un nombre prodigieux ; or il ne peut se faire une création journalière d'ames par ce que tout ce dans quoi on fait quelque chose de nouveau, doit être imparfait, puisqu'il y avait encore quelque chose qui manquait ou qui pouvait y être ajouté. Mais le monde ne sçaurait être imparfait ayant été crée par une intelligence parfaite, souverainement puissante, donc la création de nouvelles ames est impossible ; donc elles doivent passer successivement d'un corps dans un autre.

Au reste je m'en tiens là dessus à l'opinion de *Voltaire*, que toutes les bilvesées méthaphisiques ne sont qu'un gros Ballon enflé de vent.

gilité intrinséque des quels il doit son mouvement „ (18)

„ La Lune se gonfle ou s'applatit comme une vessie à mésure de l'arrivée ou du renvoi des esprits ; sa transparence est apperçue des habitans de la Terre dans les portions qui se dévelopent ; la lumière accumulée des esprits qui s'y insinuent, l'éclaire comme une lanterne. Elle redevient opaque dans l'affaissement graduel de sa peau : voilà l'explication de ses phases „ (19)

„ La connaissance approchée de ce phénomene a fait croire aux anciens Druides, que les ames

---

(18) Je n'avais fait qu'environ quatre toises & demie de chemin par seconde, à cause du poids de mon corps & de mon équipage, qui faisaient un alliage de 100. livres d'inertie détruisant une vîtesse de 252 toises par seconde. J'étais donc porteur de vingt huit onces & demie d'esprits surabondans, venant tant de mon Chat que de moi, du vin de Champagne & du Gui, cela doit achever de vous convaincre, Messieurs, de l'exellence de la recette de mon grand pere, & de ma dextérité.

Notez que le poids des esprits est négatif, c'est-à-dire quils pésent pour monter comme les corps pésent pour descendre.

(19) Ces lumières formées par les esprits dans la Lune & la transparence de cette planète, donnent l'interprétation des accidents que quelques personnes ont cru y appercevoir, tels que la fente qu'un Astronome disait y avoir vue de Rome en 1727, comme il l'avait déja vûe en France, entre Platon & Aristote. Il conjecturait que dans un tremblement de Lune, deux montagnes qui étaient unies, s'étaient détachées & avaient ainsi laissé entre-elles un espace qui d'une place noire qu'il était autre fois, était alors resplandissant d'une lumière très vive. (*mem. de Trévoux. Janvier 1728. p. 173.*) Tel aussi que ce trou qu'un Capitaine espagnol dit avoir observé à la Lune près du Capverd, lors d'une éclipse, pendant lavant-derniere *Guerre* ; le père *Feuillée* observa à Marseille en 1699 qu'une étoile des Hyades fut couverte par la Lune & parut néanmoins encore quelque secondes sur le disque de cette planète. M. *de la Hire* vit l'étoile d'Aldebaran sur la surface éclairée de la Lune (mem. de l'Académie 1715). Il en est de même de la ville avec les douze grandes chaussées qui y conduisent, que *Hartsoeker* avait apperçue autre fois dans la Lune, & de la montagne brulante que *Herschell*, fameux par sa nouvelle planète, a prétendu dernierement y avoir découverte avec un Telescope de son invention.

circulaient éternellement de ce monde-ci dans l'autre, & de l'autre monde dans celui-ci ; c'est-à-dire, que ce qu'on appelle la mort était l'entrée dans l'autre monde, & que ce qu'on nomme la vie en était la sortie pour revenir dans ce monde-ci. „ (20)

„ Les aurores boréales, les feux follets, les feux saint Elme, les étoiles tombantes, les Globes de feu, les comètes même, ne sont que des caravannes d'esprits qui viennent à la Lune ou qui s'en retournent ; leur multitude, leur compression, & leur vîtesse, plus ou moins grandes, vous les font appercevoir sous ces différens aspects. La queue des Comètes n'est autre chose que la trace de ces globes dans l'air où ils se meuvent avec la rapidité prodigieuse qui est propre aux esprits (21). *Aristote* & *Lahire* ont eu une idée de leur nature, en regardant les comètes comme des corps éphémères, & *Kepler* approche encore plus de la vérité, quand il explique comment elles sont engendrées de l'excrément de l'air par une faculté animale. Enfin *Bodin* (22) a rencontré juste lorsqu'il dit

---

(20) *Diodore* de Sicile rapporte aussi cette opinion des Druides.

Les Poëtes Eerses croyaient que les ames des morts erraient dans les nuages. On peut voir dans la belle traduction de M. *Letourneur*, leur singuliere Mytologie.

(21) La trace des comètes comme celle de la foudre, n'est que dans l'œil de l'observateur, ainsi qu'on croit voir un ruban de feu lorsqu'on agite rapidement le bout d'un bâton allumé.

C'est si vrai qu'on voit les Etoiles à travers la queue des Comètes.

(22) Démonomanie

que les comètes ſont les enveloppes d'eſprits qui retournent au Ciel. „

„ Pendant la nuit du treize Août 1491. de l'ére chrétienne, lors d'une tournée que je faiſais ſur la terre avec ſix de mes camarades, j'ai révélé à *Facius Cardanus*, pere du fameux Jerôme *Cardan* (23), que le Soleil luit par l'intellect qu'il a comme une ame; qu'il ne luirait pas plus que la terre ſi cet intellect pouvait ſe ſéparer de lui, de même que ton œil a quelque clarté par la lumière de ton ame, imagines la ſplendeur dont ſont douées les intelligences par la clarté des quelles le Soleil, la Lune & les étoiles luiſent. Pour ſçavoir la nature des intelligences, il faut connaître les vertus des corps qu'elles gouvernent. Or la Lune régit les élémens & les corps des choſes annimées. C'eſt par ſa lumière que les influences céleſtes ſont tranſmiſes à la Terre. Les *Anges*, c'eſt-à-dire les *meſſagers*, préſident ſur la Lune; leur Prince ſe nomme *Gabriel*, qui ſignifie *la force de Dieu:* c'eſt moi. „ (24)

„ Le Soleil ne fournit pas toute la lumière

(23) Ce ſavant *Milanois* raconte la viſion de ſon pere, (*de Subtilitate* Liv. 19.) qu'il avait trouvé écrite dans ſes papiers: quand j'eus dit mes oraiſons, à la vingtieme heures du jour, diſait *Facius Cardanus*, ſept hommes m'apparurent dont deux étaient vêtus d'habits de ſoie, d'un manteau preſque à la manière des Grecs, de chauſſes qui paraiſſaient rouges, avec pourpoins ſur leur chemiſes, reſplandiſſants & rouges auſſi, d'une façon plus étroite que la commune & fort belle, ils ſemblaient agés de 40 ans, & me dirent qu'ils n'étaient quaſi compoſés que d'air, ils demeurerent chez moi plus de trois heures, & je les interrogeais de la cauſe du monde, &c.

(24) On a vu plus haut que *Pyrcdès* m'a dit qu'ils étaient neuf gardiens de la Lune; cela confirme le calcul de l'aréopagiſte qui diſpoſe les intelligences en neuf Hyérarchies dont il récite les noms.

de la Lune, puis qu'on la voit rouge comme du feu dans ſes grandes éclipſes; ce qui ne peut venir que de ſa propre lumière qui eſt aſſez vive, tu le vois; & ſi elle ne le paraît pas autant dès la terre, c'eſt que la nuit, la flamme ſemble rougeâtre & le feu plus obſcur que de jour. On ne doit donc pas s'étonner que la Lune aidée du Soleil, telle que dans ſon plein, ſoit plus claire qu'étant éclipſée. Sa lumière ne ſcintille pas comme celle des étoiles fixes, parceque ſes rayons formés par le courant des eſprits ſont lancés vers la terre avec plus de force & en moins de tems (25); les taches que les hommes apperçoivent ſur la Lune ſont encore une preuve de ſa tranſparence, car les rayons du Soleil la pénétrant çà & là, ſurtout à ſon équateur ne ſont pas tous réfléchis vers la terre, d'où naiſſent des traces obſcures ſur ſa ſuperficie, comme il arrive à un miroir auquel il manque du tain. „

Je l'interrompis pour lui demander ſon origine, combien de fois il était venu ſur la terre, quelle y avait été ſon occupation, &c. Les vielliards ſont babillards, je le prenais par ſon faible, il s'empreſſa de me ſatisfaire.

---

(25) Les rayons de lumière qui partent du Soleil n'arrivent à la terre qu'au bout d'environ huit minutes, mais par ce que la Lune eſt environ 400 fois plus près de la terre que le Soleil, ſa lumière n'employe pas une ſeconde & demie de tems à venir juſqu'à nous.

§. I.

HISTOIRE DE PYRODÉS.

I. CONVERSATION.

„ JE suis né sur le mont *Ararath* dans la haute Tartarie; j'étais le chef de la prémière tribu de ce peuple de savans que M. *Bailli* croit perdu. Il n'a pas tout à fait tort, car à force d'études & de connaissances, la plupart de nous ne vivaient plus que d'Esprits, nos corps dont nous cessammes de nous occuper, se consumèrent & devinrent lumineux commè le bois pourri, transparens, légers, semblables à des vers luisans : réduits à ce point, une tempête, qui dura plusieurs jours, nous dispersa; ceux qui étaient parvenus au plus haut dégré de perfection furent transportés audessus de l'atmosphère de la terre, dans l'espace tranquille, pur, délicieux : l'Ether seul où ils nagent, leur sert d'aliment. Vos adeptes les connaissent sous le nom de *Sylphes* & de *Salamandres*. Les uns ont pris de l'emploi auprès des étoiles, du soleil & des planètes; les autres ayant conservé quelque penchant pour l'humanité, se plaisent à instruire & à surveiller des hommes, pour lesquels ils sont invisibles; c'est ce que vous appellez des *Esprits familiers*; nous autres chefs des neuf Tribus du peuple envolé, nous nous sommes attachés à la Lune. „

„ Ceux enfin, qui, tenant encore de l'épaisseur humaine, n'ont pu se soutenir en l'air par leur propre énergie lorsque le calme est survenu, sont allé tomber dans la *Perse*, dans *l'Inde* & dans les *Gaules*, où insensiblement ils ont repris de l'embonpoint avec l'habitude de manger; ce sont les *Mages* & les *Druides*, qui ont conservé longtems la clef des hautes sciences dont leur ancienne patrie était le Berceau. „ (a)

„ Mon fils unique, qui mangeait encore lors de la catastrophe, ne put me suivre; il tomba au Japon, d'où je sais que sa postérité s'est avancée jusques dans les Gaules; la destinée des sciences étant de faire le tour du monde; & le premier des peuples qui viendra partager nôtre sort, arrivera de cette dernière contrée, ses habitans ayant déja la tête volatile : c'est par là que l'on commence. „ (b)

„ Nous avons trouvé le moyen de voyager vers les autres planètes pour satisfaire une curiosité qui ne nous a pas quittés, nous profitons du renouvellement de leur période; c'est ainsi que je suis revenu sur la terre où j'ai paru pendant 495 ans, sous le nom de *Coneh* fils de *Deraj*, je me suis plû à passer une grande partie de ce tems là sur le scientifique Plateau que nous avions abandonné comme des hirondelles, & où la famille d'un Jardinier, venant de la Chine, s'était fixée depuis 492 ans, 40 ans après notre départ. Je me fis maître d'armes de *Tubalcain*, je montrai la musique à *Jubal*, j'enseignai à *Noëma* l'art de filer la laine des moutons que nous avions laissés, &c. Enfin il y avait cinquante-sept ans que *Mada* chef de cette horde était mort, quand je retournai l'an 987. de l'ère des Juifs (1), à l'aide d'un Ballon rempli d'esprits animaux que j'avais rassemblés comme tu as fait. Je dis que je reviendrais à un de mes descendans que je reconnus & à qui j'appris quantité de sciences qui nous avaient été familières & dont il ne lui restait que des idées confuses. C'est sans doute lui qui a laissé par écrit à sa postérité le secret dont tu t'ès heureusement servi. J'eus besoin d'un Ballon pour remonter, parceque je m'étais un peu encrassé en vivant parmi les hommes. Je fus deux périodes sans y revenir; j'allai ailleurs. „

„ L'an 1556. du même ère je visitai encore la terre; je la quittai au bout de cent ans, la veille du déluge que j'avais annoncé à *Eon*, en arrivant. „

„ Cinq cens trente-deux ans après, je redescendis dans ce même pays que j'affectionnais; j'y fis des tours de force que *Ninus* voulut imiter, mais il y perdit son latin, & je le plantai là sans lui rien apprendre : on m'appellait *Zoroastre*. „

„ A mon quatrième voyage, je donnai des leçons à *Esyom*, qui lui firent surpasser tous les

(1) Ou de la création du monde suivant eux; voyez la Genese l. II. ch. 20.

La période dont il parle est celle de 532 ans, qui est le produit du Cycle solaire par le lunaire, vingt-huit par dix-neuf, après laquelle les nouvelles & les pleines Lunes reviennent aux mêmes jours de l'année Julienne auxquels elles tombaient dans la première Année. Les Cronologistes l'appellent la période *victorienne* ou *de Dionis le petit.*

ſorciers d'Egipte, & je donnai le nom *de couvent de la Lune* à un gros Bourg ſitué dans les montagnes du Liban près du fleuve d'amour, où je raſſemblai des deſcendans de mes compatriotes. Les principaux Emirs des Druſes qui l'habitent aujourd'hui, ſont de leur race. „

„ La cinquième fois que je revins, j'attirai ſouvent le feu du Ciel ſur les méchans; je paſſais l'eau ſans mouiller mes pieds & je voyageais ſans boire ni manger. On trouvait la choſe admirable parcequ'on ne me connaiſſait pas. Je ne m'ouvris qu'à un pauvre diſciple qui me ſuivait, & auquel je laiſſai quatre aunes de mon étoffe à Ballon dont il fit des merveilles; je m'en étais fabriqué un en forme de chariot tiré par deux cheveaux de feu; ce qui ſurprit agréablement les Souſcripteurs. „

„ Ma ſixième courſe fut en Grece où je me fis l'eſprit familier de *Socrate*. „

„ Je reſtai peu à terre la ſeptième fois, à Rome où j'arrivai, j'indiquai à un ſavant appellé *Nomis*, le moyen de s'élever avec un Ballon; de là je fus à Jeruſalem où je m'attachai à un ſage que j'emmenai avec moi dans la Lune au moment qu'il ſe ſéparait de ſon ami *Ebanrab*; il a profité de mes inſtructions ſur la nature du feu & des Ballons, pour brûler avec un miroir ardent le ſoutien du pauvre *Nomis* qui ſe tua en tombant devant l'Empereur & le Peuple de Rome. (2) „

„ Après une autre période je pris *Mahomet*

(2) LUAP dit dans ſa ſeconde épitre aux Sneibtniroc qu'il fut ravi juſqu'au troiſiéme Ciel, & qu'il y apprit des choſes qu'il n'était pas permis à un mortel de répeter.

en amitié ; je fus cause de sa fortune par la science que je lui inspirai & par les promenades célestes que je lui fis faire ; c'est en reconnaissance qu'il prit pour ses Armoiries des nouvelles Lunes. (3) „

„ Raimond Lulle fut mon éléve, la neuvième fois que je descendis à terre. Il a laissé par écrit les instructions qu'il tenait de moi. Il viendra un tems qu'il sera intelligible. *Mesiner* a déja trouvé la clef de quelques uns des principes qui sont le fondement de la doctrine que j'ai dictée à Lulle, & que j'ai expliqués à cet Allemand en 1780. Cette fois j'ai parcouru la Terre pendant 263 ans, jusqu'au moment que je me fis connaître en 1491, à *Facius Cardanus* dont j'étais depuis quelques années l'esprit familier. „ (c)

„ C'est pendant ce pélérinage, qu'en 1322, j'enlevai au langoureux *Petrarque* son indocile amante, il a eu quelque soupçon de ce rapt, puisque dans ses élans Poëtiques, il suppose que sa *Laure* est au troisiéme Ciel avec les autres dévotes esclaves de l'amour. En effet j'ai procuré à cette belle savante comme à *Sapho*, à *Heloïse* & à la *Pucelle d'Orleans*, ta compatriote, le rang de Silphyde. Leur occupation est de diriger les soupirs qui font le tour des Ecoliers & viennent passer par la Lune pour arriver à l'objet aimé. „

„ Le moine *Bertold* me dut aussi soixante ans après, l'invention de la poudre, avec laquelle

(3) Coneh est le premier des quatres prophêtes que les Turcs reconnaissent. Les Russes croient qu'il roule carosse quand le tonnere se fait entendre.

il comptait s'élancer dans la Lune, mais au lieu de se placer au haut de sa cheminée, à cheval sur son Ballon, comme je le lui avais dit, il se planta sur le foïer, & sa tête, quoique dure, se brisa contre les parois du tuyau qu'il enfilait. „

„ *Léonard Devinci*, Architecte & Peintre célébre à qui *Cardan* le père, son ami, avait confié quelques uns de mes propos, manqua de périr à Florence en voulant s'élever dans l'air avec son camarade, quelques années après mon départ. *Icare* avant lui; le Jésuite *Lana*, *Bakville* & autres ensuite ont eu aussi peu de succès dans des tentatives semblables. „

„ Enfin le dixième & dernier voyage que je me suis avisé de faire à terre fut en 1760, après la révolution de onze périodes depuis notre spiritualisation. Il en faut dix-neuf, pour qu'un peuple qui a des dispositions aux sciences légères, tel que le français, soit sublimisé à ce dégré. Ainsi dans 4233 ans les Parisiens commenceront à s'envoler sans Ballons. „

„ Mon absence dernière n'a été que de vingt-trois ans que j'ai passés presque tous en France, & sur tout à Paris, & je vois avec plaisir que le peu de mystères que j'ai souflés dans quelques têtes exhaltées, a été compris; les *Mongolfiers*, *Charles*, *Robert*, *Blanchard* & *Faujas* sont sur la voie; mais il y a loin de leurs essais à ce que tu viens d'exécuter; combiens de voltigeurs qui se casseront le cou, avant de savoir voguer en sureté! ayes pitié d'eux, mon fils, abréges leurs tourmens, apprends leur (4) la vraie

(4) En payant, à la bonne heure.

façon de planer vers le Ciel à volonté, en attendant que leurs corps soient assés atténués, & leurs têtes assés spiritualisées pour devenir Ballons par eux mêmes. „

Comme il achevait ces mots, nous arrivames près de mon tambour; nous avions fait je ne sais combien de fois le tour de la Lune. Mon Chat, tapis dans le fond, miolait tristement de peur & de faim; mais les Chats ont la vie dure; je lui donnai cependant quelques macarons; ma pipe me suffisait. Le tems du retours n'était pas encore venu, la Lune n'aiant pas tout à fait son compte; *Pyrodès* examina la machine, la trouva bien, & me fit recommencer la promenade en causant.

---

§. II.

II CONVERSATION

SUR LES CHEMINS TERRESTRES

ET SUR LES CHIENS.

Corrige præteritum, præsens rege, cerne futurum.

„ POurquoi donc, me dît mon ayeul, les français sont ils si empressés de voyager dans l'air, dès que leur but n'est pas de parvenir aux astres? pour passer seulement d'un point à l'autre de la surface de la terre, ils s'élevent sans succès à la hauteur des nues; ils disputent envain aux oiseaux leur privilège, ils n'y réussiront qu'avec un vent bien favorable ou en choisissant un gaz attirable par la Lune, qui les mettra sur le chemin du lieu où ils tendent; ce qui ne peut arriver que la moitié de l'année au plus; se reposèrent-ils le reste du tems? „

Le Français, lui répondis-je, est aussi sensible qu'il est soumis. Les belles routes, qui découpent le Royaume en tous sens, causent souvent plus d'amertume que de commodité; leur construction & leur entretien sont des poids désolans pour la partie la plus utile & la plus pauvre du peuple. Cette considération seule a suffi pour faire imaginer les Ballons, afin de fatiguer moins les routes, de diminuer la charge des contributions & des corvées, & de couper racine aux abus sans nombre dont on se plaint, mais qu'on est rebuté de dénoncer, tant de gens étant intéressés à les éterniser & à empecher l'effet des projets les plus utiles: ces gens ont souvent des ressources si puissantes, qu'ils forcent le gouvernail dans la main des mieux intentionnés. Ainsi c'est un métier très désagréable que celui de réformateur. Que d'ennemis il a à combattre: & de combien d'espèces différentes sont ces ennemis!

„ Ne te décourages-pas, mon fils, me répliqua-t-il, mais persistes hardiment à présenter des vues simples, claires & sures pour opérer le bien; sois persuadé qu'un jour on les adoptera: publies à ton retour ce que je vais t'apprendre des observations que j'ai faites dans mes voyages sur la terre. Ton pays entre autres est susceptible de beaucoup de soulagemens à l'égard des grands chemins, & en a besoin. (5)

(5) Il suffit de lire le beau préambule de l'édit de 1776. pour avoir une idée de la misère, du découragement & des rapines qui résultent de la méthode actuelle de faire ou d'entretenir les grands chemins.

Je ne te dirai rien de ce qui se passait chez nous touchant les routes, les Français n'ont encore ni assés de courage ni assés d'esprit pour entreprendre & finir de pareils ouvrages. „

„ On avait bien senti les maux que cause la corvée en France (6), elle a été abolie un instant, mais on n'a pas tardé de recourir à ce moyen violent & destructeur qui est l'emblême de la servitude chez les Francs. (7) „

„ Plus des sept-huitièmes des routes de ce Royaume sont faites, & les principales (8); reste à les entretenir & à faire successivement celles qu'on trouverait encore d'une nécessité bien démontrée. La somme annuelle qu'on y destinerait n'atteindrait pas, à beaucoup près, les dix millions supposés par M. *Turgot*, en faisant les choses avec économie, sur tout en

(6) M. le Pelletier que Louis XIV. avait jugé seul digne de succéder à Colbert, respectant les droits de l'humanité, rejetta le systême meurtrier des *corvées* qui réduit le pauvre au-dessous de l'animal domestique. Le maître qui fait travailler son âne & son cheval, dit M. Turpin, les soigne & les nourrit, l'homme plus disgracié n'a que ses bras pour subsister, & une politique cruelle exige qu'il les emploie gratuitement à des travaux dont lui seul ne retire presqu'aucun fruit.

(7) Lorsque S. M. par sa déclaration du onze Août 1776. rétablit par provision l'ancien usage observé pour la réparation des grands chemins, elle promit en même tems sur les chaussées des soulagemens réels à ses sujets : les terres ne seront bien mises en valeur que quand l'agriculture jouïra d'une entière liberté; alors la population en proportion avec les consommations sera aussi grande qu'elle peut l'être. Voilà la prospérité de l'Etat.

(8) M. L. C. dit (page 104 de son mémoire sur la construction des chemins, couronné par l'Académie de Châlons en 1779.) que c'est la petite quantité de fonds accordés pour les Ponts & Chaussées, qui a forcé dans le tems d'avoir recours aux corvées pour suffir aux travaux des routes entreprises. Le même motif n'existe plus aujourd'hui que ces routes sont faites & que la somme est plus forte qu'alors.

évitant les chemins de faveur aux quels on n'a que trop souvent prodigué le sang du pauvre. „

„ Le travail annuel des routes publiques n'exige gueres actuellement une dépense de plus de deux millions pour toute la France, non compris les Ponts, pour lesquels il y a une somme de trois millions accordée annuellement; or l'impôt d'un vingtième produit plus de cinquante millions. Il s'agirait donc d'y ajouter dix deniers pour livre. (9)

„ Car il suffirait d'employer dans chacune des trente-une Provinces, l'une dans l'autre, mille hommes pendant quinze jours de l'année, tant pour réparer les routes faites, que pour travailler à des parties neuves, à quinze sous par jour, c'est . . . . 11250. l.

cinq cens voitures à trois livres par jour, c'est . . . . 22500.

Supposant que le nombre des travailleurs & des voitures ne ferait pas toujours suffisant, ajoutez la moitié ensus, ci . . . . 16875.

Les frais des Ingénieurs, Inspecteurs, Conducteurs, Piqueurs, pourront aller à . . . . 18000.

TOTAL pour chaque Province. 68625. l.

Ce qui ferait pour tout le Royaume deux millions 127 mille 375 livres.

(9) Gautier n'estimait en 1721. qu'à six millions la dépense nécessaire pour mettre tous les chemins du Royaume en bon état, dans un tems qu'ils étaient peu praticables.

„ Mais la charge de la confection des chemins est doublée, triplée même, par la lenteur, la perte du tems & l'imperfection attachée au travail des corvées. Le compte de *Thelis* dont le zèle égale les lumières, en a donné la preuve. Il fit faire en 1771. pour 2300 livres, une chaussée de 1100 toises cubes de terres, tandis qu'une autre qui est à côté de celle-là, qui n'en contient que 1040 toises, & qui à été faite par corvées, est revenue à la Province de Forèz à 13, 500 livres, c'est six fois autant. „

„ On a répondu effrontément à ces démonstrations que toutes les classes des sujets du Roi faisaient la corvée à leur manière : le Clergé par ses prières, le Noble par son sang, le Magistrat par ses soins & le Peuple par ses bras : qu'il était donc injuste de décharger celui-ci pour faire supporter sa part aux autres classes. Les détracteurs de vérités précieuses ont des moyens cruels pour les affaiblir. Ils font quelque fois semblant d'approuver, mais quand il faut agir, & rendre vraiment service aux hommes, c'est alors qu'un froid de glace & l'indifférence la plus parfaite ne décelent que trop leur inhumanité & leur inconséquence. „

„ Pourquoi ne pas employer les troupes à la construction des chaussées neuves ? elle y seraient sédentaires ; on pourrait leur y procurer toutes les commodités convenables à la conservation de leur santé, &c. En augmentant, en doublant même leur paie, on ferait une épargne considérable pour l'état. „

„ L'exemple des Romains est bien suffisant pour y déterminer : c'est leur troisième Legion, surnommée *Auguste*, qui a fait sous *Adrien* le chemin de Carthage à Thevefte, lequel a plus de deux cens mille pas de longueur. On voit dans quantité de bas reliefs de la colonne trajane, les foldats élever des Forts & conftruire des murailles. Ce font les légions victorieufes de *Drufus* & de *Corbulon* qui ont creufé & dreffé ces grands Canaux qui exiftent encore en Italie. La treizième Légion a conftruit les emphitéatres de Crémone & de Bologne, &c. (10) „

„ Ces bras fi exercés aux combats, fi accoutumés à la victoire, ne dédaignaient aucun des travaux qui pouvaient fervir à la fureté, à la fplendeur, aux plaifirs même de la patrie. „

„ L'Induftrie & le travail rendent aux hommes cette activié & cette vigueur que le luxe s'efforce d'énerver. Pourquoi les armées romaines compofées comme les nôtres d'un peuple groffier & ruftique ont elle entrepris &

(10) La huitieme a bâti l'Aqueduc de *Jouï* à travers la Mofelle, audeffus de Metz de 3420 pieds de long, & de quarrevingt-cinq de haut.

Une Armée Romaine poftée fur la Seille a conftruit ce fameux briquetage qui porte deux villes fur un marais fans fond, fon étendue fous *Marfal* eft d'environ 192 mille toifes carrées, & de 110 mille fous *Moyenvic*.

Que dirons nous de la muraille de vingt-fept lieues de longueur munie de fortereffes & de tours, dont les Romains avaient fermé les défilés des montagnes entre la Lorraine & l'Alface ?

Et de cet autre mur qui, dans l'efpace de 132 milles, féparait l'Angleterre de l'Ecoffe ? ce fut l'ouvrage des Légions.

Le gouvernement britannique a fait faire pour une modique augmentation de paie dans le fiécle dernier une fuperbe route par ces troupes, à la place du dangereux pas de *Killicrankie*.

Les Suiffes qui font d'excellens foldats ne donnent qu'un jour de la femaine à l'exercice militaire. La culture de la terre & l'induftrie les occupent les autres jours, font-ils inimitables ?

fait de si grandes choses? c'est qu'accoutumées au travail, elles ne trouvaient rien audessus de leurs forces, c'est que les Romains avaient pour principe que les travaux qui fortifient le corps, le mettent en état de supporter les changemens de climats & de saisons, & que les grands ouvrages sont le seul remède qui puisse arrêter tous les désordres que l'oisiveté fait naître dans les camps. Aussi lorsque les troupes quittaient les armes, elles prenaient les instrumens de l'industrie, & on les obligeait de travailler aux chemins publics, aux aqueducs, aux ponts, aux embellissemens des villes, enfin à ces monumens de la magnificence romaine qui sont & qui seront longtems l'étonnement des nations. „

„ Louis XIV. employa ses troupes non seulement aux travaux publics, mais encore aux réparations & aux fortifications des places. On en a fait usage pour la construction des ponts de Blois, d'Orléans, de Moulins; on a été surpris de la vivacité & de la régularité de leur travail payé à la toise. Lors de la construction du célébre Canal de Languedoc & de celui de Montargis, on tira de si bons services des troupes, que les Ingénieurs aimaient mieux l'ouvrage de vingt soldats, que de cent pionniers. Le soldat est payé & vêtu par le Roi; son tems est à l'état, Il est transportable par tout, ne tient à rien, n'a ni femme ni enfans, ni foyer; rangé par escouades, susceptible d'émulation, dans la force de l'age, son travail eſt le centuple de celui du corvéeur. „ (11)

„ Rien de plus facile que de munir un attélier de la quantité néceſſaire de Pèles, de Pioches, de Brouettes, de Tombereaux, de Chars même & de Tentes ou de Baraques, qui dureront plus d'une fois ; on en trouve déja d'inutiles dans les Arcenaux, dans les Magazins du Roi, dans ceux des villes ; & les cas des grands ouvrages deviennent tous les jours plus rares. Les chevaux deſtinés à la réforme dans les régimens de cavalerie à portée, y ſeraient employés avec avantage & ſouvent y deviendraient meilleurs. „

„ Arracher, charger, conduire des pierres, de la terre, du ſable; placer ces matériaux à leur deſtination, faire des épuiſemens, des digues, des batardeaux; creuſer des foſſés, abattre des côtes, faire ſauter des rochers : ces travaux & bien d'autres ſont-ils audeſſus des forces & de l'adreſſe du ſoldat obéiſſant & récompenſé ? de l'homme vigoureux & brave qui pendant la guerre, ouvre des tranchées, ſeigne des marais, éleve des remparts, des redou-

---

(11) En 1777. ſix mille hommes de troupes Ruſſes furent employés à couper les rochers qui interrompaient le cours du Niéper. L'Empereur d'Allemagne faiſait travailler en 1782. dix milles ſoldats Croates aux fortifications de trois villes de Boheme. Il a ſupprimé la même année, l'adminiſtration des ponts & chauſſées d'Autriche, pour l'incorporer à la Chancelerie de guerre, en conſéquence de cette réunion, les Invalides à qui il reſtera encore des forces, travailleront à la réparation des chemins : les autres en auront l'inſpection, & les officiers de ces corps feront déclarés commiſſaires des chauſſées. On a dit depuis qu'il allait mettre inceſſament en ferme l'entretien des grands chemins, & que les maîtres des Poſtes en ſeraient les fermiers chacun pour ſa ſtation. C'eſt une opération également admiſſible en France.

tes, abat des bois, se fait des chemins dans les lieux les plus difficiles, qui enfin ne joue qu'avec dégout les rôles de fat & d'écolier auxquels on l'occupe ridiculement en tems de paix ? „

„ Le Corps Royal du Génie & celui d'Artillerie sont à la fois artistes & militaires; on en distribuerait des portions sur les chantiers qui demanderaient le plus d'industrie. Ce serait une variété ou une continuité également profitable, de leur exercice habituel. Les Ingénieurs militaires sont leurs officiers; le courage & des talens solides leur ont mérité le respect & la confiance des troupes. Celles-ci exécuteraient avec émulation les projets tracés & surveillés par leurs savans compagnons de danger & de gloire; mais elles seraient maladroites ou indociles sous la direction du corps Bourgeois très moderne & très superflu, qui absorbe plus d'un quart de la somme destinée aux constructions. „ (12)

„ Comme l'objet de son établissement, la formation des routes, est à sa fin, cette excroissance rongeuse, l'effroi des campagnes, se replie en tous sens pour masquer son inutilité. Ces Messieurs imaginent quelques Chaussées neuves, quelques baissemens de Côtes, redressemens, élargissemens, &c; le tout souvent sans l'ombre de nécessité; mais parcequ'il faut donner des signes de vie, persuader qu'il n'y a point de vuides dans leurs fonctions, & que l'on fera des chemins éternellement; néan-

---

(12) M. L. C. dans son mémoire déja cité, avoue 350 mille livres pour les appointemens des Ingénieurs & 400 mille pour ceux des Piqueurs, tandis que le fonds des Ponts & Chaussées n'est suivant lui, que de deux millions & demi.

moins quinze jours, un mois exigés de tems à autre en corvées extraordinaires, ne laiſſent pas de dimunier les recoltes & de faire quelques milliers de mandians ou d'infortunés qui périſſent de miſère & de chagrin, ſans parler des eſcroqueries qui s'opèrent dans les ouvrages faits par la corvée mêlée à l'entrepriſe. Ton pays en a eſſuié de criantes. „

„ Arrachez donc cette plante paraſite & mettez vous à l'abri ſous l'Arbre majeſtueux du Génie militaire. Il en réſultera de l'économie & de la meilleure beſogne. „

„ Les Ingénieurs militaires n'ayant pas beſoin d'étayer leur exiſtance par le charlataniſme, iront droit au but; ils feront tout bonnement ce qui eſt à faire. L'entretien des Chauſſées qu'ils dirigeront comme les ouvrages neufs, ſous les ordres de l'Intendant & du Conſeil, ſera bien plus ſimple & plus raiſonnable; ils ne feront uſage de la corvée qu'aux rechargemens néceſſaires, ſi on ne la ſupprime pas tout a fait; ce qui la réduira à peu de choſes, & tranquiliſera le Laboureur ſur le ſort de ſes beſtiaux & ſur l'emploi de ſon tems, (31)

---

(13) Les principes du Gouvernement doivent être de rendre la contribution aux Chemins générale & ſans exception pour toutes les claſſes ſujettes à la taille; il faut que la plus forte tâche des Paroiſſes ne puiſſe jamais excéder ſix jours de travail dans le cours d'une année, & qu'on ne les commande que de deux lieues au plus de diſtance & dans les ſaiſons mortes pour le travail des champs; qu'on leur faſſe diſtribuer l'argent qui proviendra de la corvée de repréſentation, enſorte que les Corvayeurs qui auront fait leur tâche gratuitement ſoient enſuite payés de celles qu'ils feront pour les contribuables qui n'auront pu ou voulu travailler de leurs mains, & que cette répartition équitable empêche déſormais les ouvriers de déſerter les bourgs & les villages pour ſe réfugier dans les villes par l'eſpérance de ſe ſouſtraire à une corvée trop onéreuſe.

il

il y a un vent qui fait tourner le moulin; un vent plus violent le brise. „

„ Quand une chaussée, ou un pont est emporté, ou quand il est à propos d'en bâtir à neuf, qui empêche de publier une souscription? on en fait de si futiles chez vous! tandis que la bienfaisance est l'objet de la plupart de celle des Anglais. Ici les Seigneurs, (14) les Communautés Ecclésiastiques, (15) les Riches Particuliers, les Propriétaires de Manufactures & d'Usines, les Fermiers des Salines & des Messageries, les Maîtres des Postes, (16) auxquels ces ouvrages seraient singuliérement utiles, s'empresseraient d'y contribuer; on les piquerait d'honneur en rendant leurs noms & leurs dons publics. Ils auraient encore intérêt à veiller au bon emploi de leurs deniers; les

---

(14) Depuis que le droit des guerres particulières a été aboli, dit Coquille, nos Rois ont ordonné qu'au lieu de la protection & de la conduite des marchandises passantes, les Seigneurs entretiendraient les chaussées, ponts & chemins.

(15) Lorsque l'on commande les Paysans de cinq ou six villages, pour faire ou réparer un grand chemin, dit M. de Saint Foix, si soixante ou quatre-vingt religieux mandians de la ville la plus proche s'offraient pour cette corvée, qu'elle vénération ne s'attireraient-ils pas! il me semble que de pareilles bonnes œuvres seraient plus méritoires que de se promener nues jambes dans une ville. (*Essais sur Paris T. II. p. 220.*)

(16) Non seulement les Postes & les Messageries ne contribuent pas à l'entretien des routes, mais elles s'arrogent encore le privilége humiliant d'exiger le haut du pavé & de jetter sur la berme le char du Laboureur qui conduit à son maître le produit de ses sueurs, qui construisit à ses dépens cette route sur laquelle il rampe en tremblant; exposé au fouet du Postillon ou à être culbuté indignement dans le fossé que creusa son bras excédé & qu'il arrose tous les ans de ses larmes.

choses seraient mieux faites, plus promptement & à meilleur marché. „

„ Les Romains faisaient souvent des dons pour la réparation des grands chemins. C'était chez eux un Acte de religion de construire des Ponts, à cause de la grande comodité que le public en recevait. C'était le Pontife qui en avait le principal soin, comme son nom dérivé de *Pons* & de *Facio*, le désigne. Les legs même que des personnes faisaient en mourant pour le rétablissement des chemins ou des ponts étaient régardés comme *pies*, *ad pias causas*. Quel mal y aurait-il de faire insérer dans les testamens pareille somme pour les ponts & chaussées, que celle qui serait léguée à l'Eglise, aux Hopitaux, &c ?

„ Vos modernes Pontifes, enfans de la routine, élèvent trop vos chaussées par des rechargemens annuels & uniformes (17); ils les rendent escarpées & dangereuses. Il suffirait souvent d'abaisser les côtés & d'enlever les bourlets de gazons, pour avoir le bombage nécessaire à

(17) Il en a résulté, dit M. *Durival*, une grande gêne pour les Laboureurs, c'est que de la chaussée, ils ne peuvent plus communiquer à leurs champs que par de grands détours & en passant sur les champs des autres. (*Descrip. de la Lorraine T. I. p. 352.*)

Le beau secret! ajoute ce judicieux patriote, de faire avec beaucoup d'argent & de travaux, de mauvaises chaussées, bien hautes & bien dangereuses. On demandait au Duc Léopold, comment il avait pu en si peu de tems construire tant de belles chaussées. Cela est bien aisé, répondit-il, il ne faut que les bien tracer. les bomber avec la terre des fossés. Ensuite j'applique dessus une feuille de papier huilé. La plaisanterie de ce grand homme est toute la magie de l'art. En effet il ne faut qu'empêcher les eaux du fond de venir à la superficie & faire écouler celles qui tombent du Ciel. (*Idem Tom. IV. pag. iij.*)

l'écoulement des eaux. Une route de trois pieds de hauteur est assés défendue, les Laboureurs ne peuvent la déchirer en y tournant la Charue, & une simple rigole au lieu de ces fossés effrayans, en détournerait les eaux, & couterait infiniment moins à faire & à entretenir. „

„ A quoi bon faire déposer les approvisionnemens sur les côtes en même quantité que dans les fonds ? un orage les entraine & il faut en apporter d'autres. Il s'en écoule beaucoup dans les fossés, qui s'engorgent plutôt. Ces tas causent des accidens, embarassent la voie, qu'ils rétrécissent d'un quart pendant la moitié de l'année; ils se trouvent durcis quand il s'agit de les répandre; il faut les piocher de nouveau : surcroît de peines au lieu du soulagement prétendu, outre qu'il est inutile pour ne pas dire nuisible d'autant charger les hauteurs, qui s'élevent ainsi à proportion des fonds, & la pente reste toujours aussi roide. Il faudrait boucher les ornieres, ôter les boues trop fangeuses & répandre en suffisance du gravier ou de la pierraille sur les parties basses ou plus humides pour les consolider, au lieu d'en couvrir à l'aveugle toute la superficie des routes aux endroits fermes comme aux faibles. C'est multiplier cruellement & envain le travail des corvéables. (18) „

„ Les chaussées larges sont moins durables

(18) Une chaussée neuve un peu fréquentée se massive. Bientôt, elle devient un corps solide, ensorte que si les dégradations que les voitures & les chevaux y font au commencement sont bien réparées pendant trois ou quatre ans, il y a très peu de choses à y faire par la suite.

que de plus étroites; il n'est pas possible de donner ou d'entretenir à celles là un bombage capable d'écarter les eaux; elles y séjournent & les pénétrent. La seule pluie suffit pour les pourrir & les dégrader, sur tout si elles sont bordées d'arbres, qui empêchent l'évaporation en les tenant à l'ombre (19). Une route de trente pieds bombée d'un pied, est préférable, de peu d'entretien & coûte moins à construi-

(19) Ces plantations coutent des frais considérables au Gouvernement, qui n'en retire aucun profit. Ce faste, cet air de magnificence que présentent les avenues d'ormes devraient-ils balencer l'utilité que retireraient les propriétaires & cultivateurs des terreins voisins des grandes routes si elles étaient plantées en arbres fruitiers à haute tige; ceux-ci ne couteraient pas plus & n'exigeraient aucun entretien, parceque les habitans du canton qui en retireraient les fruits pourraient être chargés des remplacemens. Le voyageur y trouverait un meilleur abri contre la chaleur, & un remede contre la soif ou la faim. A chaque pas il bénirait l'attention bienfaisante qui aurait pourvu à ses besoins, il ne voit au lieu de cela que les traces de la puissance qui le rabaisse à ses propres yeux, & d'une pompe stérile qui l'attriste & l'ennuie. (*Esprit des Journaux*, *Mars* 1783.)

En Franche Comté les chaussées sont bordées de cerisiers; on en trouve ainsi que des noyers & autres le long des chemins de l'Alsace, de la Suisse, du Duché de Deux-Ponts, &c. il y en a sur la route de Paris depuis Ligni jusques Chaalons. En 1781, il à été enjoint à tous les sujets de l'Autriche de planter des arbres fruitiers sur tous les grands chemins.

Le cinq Février 1779, j'ai remis un mémoire à la l'Academie Royale de *Cinan*, sur les plantations d'arbres fruitiers & autres, rélatifs au sol, qu'il convenait de faire aux bords des chemins, & dans les terreins communaux du pays de *Rianole*, leur produit, dans la suite, aurait suffi à la dépense de l'entretien de ces chemins en multipliant d'ailleur, la masse des comestibles & celle des bois, &c. Il a paru le vingt mars suivant, une ordonnance de M. l'Intendant qui invite les Propriétaires des terreins voisins des routes, ou les Justiciers, ou à leur défaut les Communautés, de faire à leur profit la plantation aux moyens des ormes & frênes qui leur seraient délivrés gratis à la Pépinière de *Cinan*. Voilà déja un grand pas, & c'est tout ce que pouvait offrir alors à l'émulation, la bienfaisance de ce Préteur adoré, aussi bon juge des moyens d'utilité, qu'ardent à en faire jouïr la province confiée à sa sagesse.

re; un chemin n'eſt-il pas large aſſés lorſque quatre chariots peuvent y paſſer de front? les grands chemins des Romains n'ont que quatorze pieds; ceux du Maine & de l'Anjou peuvent n'avoir que cette largeur, ſuivant la *coutume* de ces Provinces, &c. non compris les bermes & foſſés aux quels on doit donner une pente douce & arrondie pour prévenir les culbutes ſubites & rudes qui ne manquent pas d'arriver quand une roue dépaſſe mal-heureuſement l'arrête tranchante des routes actuelles. „

„ Pourquoi ne paver à préſent dans ton pays que le milieu des chauſſées, encore fort mal? les voituriers ſont-ils convenus de ne paſſer que ſur dix-huit pieds, tandis que la largeur eſt double? auſſi les bermes ou chemins de terre ſont-elles bientôt déchirées, ce qui force l'entretien. Cela eſt paſſable en Champagne, dans l'Iſle de France & ailleurs où la terre eſt abſorbante; l'eau n'y ſéjourne point à la ſurface, mais s'enfonce pour aller pétrir des pierres ou de la craie. „

„ Il y a des routes qu'il eſt plus convenable d'entretenir à prix d'argent qu'a corvée, ſoit à cauſe du trop grand éloignement des habitations, ſoit qu'étant très fatiguées par le roulage continuel des Sels & des Meſſagegeries, elles exigent des ſoins habituels, aux quels ne peut ſuppléer le rechargement tardif qui ſe fait deux fois l'année par les Communautés. „

„ On devrait alors imiter les états du Mâconnois qui ont déliberé en 1779, d'établir ſur la partie de la grande route de Paris à Lyon, qui traverſe leur Province, douze maneuvres ſtationnaires, dont l'occupation journalière eſt de réparer chacun dans ſon diſtrict, les dégradations à mésure qu'il s'en fait, de manière que cette partie de route, qui est de 25477 toises, soit toujours en bon état. Par cette opération sage, ces hommes répartis deux à deux sont obligés de parcourir journellement leur six stations respectives, de veiller à la sureté de la route & d'offrir sur le champ & sans rétribution quelconque tous les secours qui dépendent d'eux aux voyageurs qui éprouvent des accidens. Trois cens livres de gages annuels sont suffisans pour chacun, puisque souvent ces gens n'auront rien à faire qu'à se promener. Ce systême n'exige que deux cens quatre-vint-deux livres par lieue de deux-mille toises. Qu'on ajoute cent dix-huit livres pour le prix du charroi des pierrailles & gravier, & c'est bien assés, on ne trouvera que quatre cens livres par lieue où quatre sous par toises courantes (20) avec cela le chemin serait toujours roulant & ne démanderait jamais de réparations coûteuses, parce que des ouvriers qui feraient leur métier de l'entretien des chemins, veillant continuellement sur les plus légers défauts, les répareraient à peu de frais sur le champ & avant qu'ils ayent pu s'augmenter, comme il arrive dans l'intervalle des deux époques de rechargemens à corvée. „

„ Quant aux ouvrages neufs, je le répête, le moyen de les faire sans le secours odieux des bras gratuits, c'est de ne rien entreprendre

(20) Ce qui ne fait que deux millions six cens mille livres pour les vingt-six Généralités que comprend la direction des Ponts & Chaussées, aux quelles M. L. C. attribue 6500 lieues de routes.

aussi légèrement & aussi peu utilement qu'on le fait quelque fois, dans l'opinion que la corvée ne coûte rien; c'est d'économiser; c'est de réformer nombre d'employés inutiles, & d'attendre que les fonds cumulés mettent à même de faire travailler à prix d'argent aux objets d'une utilité manifeste; enfin c'est d'attacher la gloire & la récompense aux travaux publics, aux quels on occuperait les troupes dont l'exemple édifiant ferait peut être honte aux mandians valides & les convertirait. „

„ L'Angleterre vous offre le meilleur modèle pour la construction des routes; leur douce sinuosité, en présentant sans cesse à l'œil de nouveaux objets qui le récréent, procure en même tems la facilité de prévenir de loin tous les obstacles, de suivre presque toujours les directions naturelles dans le cours des vallées, ou d'obtenir une pente très-douce à mi-côte dans les montagnes nécessaires à traverser, ce qui évite la dépense des remuemens de terre, des aqueducs, & l'inconvenient des inondations aux quelles leur destruction expose le pays voisin. „

„ La dimention des routes y est toujours proportionnée à leur importance, à leur fréquentation, à la proximité des grands villes & aux convenances accidentelles & locales; proportions qui ne peuvent jamais varier dans le cours de vos alignemens forcés. „

„ Les routes y sont également bonnes dans toute leur largeur; par là, le voyageur tranquile, non seulement n'y est point exposé à des querelles perpétuelles pour la cession & rétrocession du pavé, mais encore il est à l'abri des crottes, soit par les trotoirs ménagés pour les gens de pied, soit par le soin scrupuleux qu'on a de faire séparer, après les tems de pluie, les boues du gravier, comme aussi de l'inquiétude de s'égarer par le soin qu'on a eu de placer des poteaux d'indication à toutes les croisées de chemins, ce qui est rare chez vous, on a aussi proportionné la largeur du bandage des roues au poid des chariages. „

„ Il est vrai que la construction & l'entretien de ces belles routes se prennent sur le produit des péages, qu'il faut bien se garder d'introduire chez vous; mais il est un moyen avantageux de deux manières, de vous procurer des fonds pour suppléer ou remplacer les corvées; c'est un impôt sur les *Chiens* dont-il est d'ailleurs à désirer de voir diminuer le nombre, qui, pour un chien fidele & utile, en montre cent de luxe & de fantaisie. S'ils n'étaient qu'inutiles, on aurait moins à se récrier contre ceux qui veulent bien les nourir à la place des pauvres aux quels ils les préfèrent (21); mais sans parler de l'embarras & des affaires qu'ils suscitent à leurs maîtres, à com-

---

(21) On fit une fondation à Closter-Neubourg (ville & fameux monastère de Chanoines Réguliers à quatre lieues oüest de Vienne,) pour nourrir une certaine quantité de chiens de la race de ceux qui avaient aboyés au moment que l'épouse de Léopold Marquis d'Autriche (canonisé par le Pape Innocent XII,) se découvrit le visage malgré elle en passant contre un arbrisseau, où son voile resta accroché. l'Empereur Joseph II. étant entré en 1779. dans ce monastère, se fit rendre compte de cette fondation; après quoi S. M. ordonna que pour en perpétuer la mémoire, on nourrirait autant d'enfans de chasseurs qu'on aurait nourri de chiens jusqu'à cette époque.

bien d'accidens ces animaux n'expofent-ils pas la fociété ? „

„ Qu'on faffe donc payer pour chaque chien de chaffe (22) un loüis d'or par an, pour chaque chien de Laboureurs & de Bergers trois livres; pour tout autre chien douze frans; & que cet impôt foit verfé dans la Caiffe des ponts & chauffées de chaque Province. „

Cette dernière idée me plut beaucoup, parce qu'au moins, les Chats, que j'aime, en feront plus tranquilles, & qu'il eft plus important que jamais de les ménager pour l'utilité fingulière dont-ils vont être aux promenades Aériennes.

---

§. III.

RETOUR VERS LA TERRE.

JE ne finirais plus, Meffieurs, fi je voulais vous faire part de tout ce que m'a dit *Pyrodès*; car que ne dit-on pas dans une converfation de cent foixante-huit heures ? & puis, je ne fuis pas payé pour cela; je ne vous

---

(22) Suivant la Loi *Gombette*, on obligeait, chez les anciens Français, le voleur d'un chien de chaffe à faire trois tours fur la Place publique, en lui baifant le derriere. La mode des petits chiens nous eft venue d'Italie, autre fois nos Dames portaient des éperviers ou petits oifeaux de proie fur le poing, à préfent ce font des chiens. Le Roi Henri III. portait des petits chiens dans un panier pendu à fon cou, même quand il donnait audiance aux Ambaffadeurs. Toutes ces ridiculités vont difparaitre.

Les gros chiens ne font bons qu'à renverfer les enfans, dévorer le paffans & fatiguer nos oreilles nuit & jour par des hurlemens capricieux : un petit chien fuffit pour avertir; le dogue du Laboureur mange du pain comme trois hommes; &c.

dois, Messieurs, qu'un discours d'une demie heure de lecture; je lis assés vite; je viens de faire l'essai qu'il est tems que je finisse; vous avez votre compte: chacun le sien ce n'est pas trop; je ne suis pas obligé de vous instruire de tout, ni plus que vous ne l'exigez, & cependant vous voyez que je n'y regarde pas de si près, puisque je vous ai régalé de découvertes aux quelles vous ne vous attendiez pas. Je réserve pour d'autres occasions aussi lucratives les connaissances ultérieures que je tiens de mon grand père le *conseur*. Il m'en reste pour la valeur de trois cens trente-cinq demie heures, qui, à raison de douze cens livres l'une, doivent me produire une somme de quatre cens deux mille livres. C'est encore une bonne succession.

Il est donc vrai qu'on ne trouve pas le tems long en bonne compagnie. Je parlai & j'écoutai pendant sept jours, sans presque m'en appercevoir: comme le tems se passe! la Lune était enfin devenue pleine comme un œuf. Il commençait d'en sortir des rayons d'esprits, semblables aux franges étincelantes qu'on tire d'un conducteur électrique; mes pieds étaient repoussés à chaque pas. Ce n'est pas pour te chasser, mon fils, mais il il est tems que tu partes, me dit *Pyrodès*; je te promets de te servir *d'esprit familier* à mon premier voyage sur la terre. Je lui donnai mon adresse, & il me donna sa bénédiction en m'embrassant. Je sentis pour la premiere fois ce doux épanchement, cette sympathie délicieuse que cause un mouvement réciproque de tendresse entre un pere & son fils. Ce genre de bonheur m'avait échappé jusques là.

Le regret dans le cœur & le plaisir dans l'âme, je me rangainai dans mon étui; l'instant d'après, un coup de ressort frappé par le boursoufflement de la Lune, en détache mon train, & je m'éloigne rapidement. Les esprits contenus dans mes Ballons n'avaient pu franchir leur enveloppe, pour pénétrer celle de la Lune; ils n'en étaient pas moins dans le cas d'éprouver le choc de l'expulsion comme les esprits dispersés, & la force de ce choc étant à son tour égale à celle de l'attraction, je descendis aussi vite que j'étais monté & je dormis presque de même.

Ce fut le lendemain des Rois que je quittai la Lune vers six heures du matin, & j'arrivai le treize à midi au point de mon départ, après six jours & demi de route comme en allant. Admirez la justesse de mes combinaisons.

En tombant sur le toit de la ferme, ma machine se renversa; le cul de vessie avec son huile de girofle se détacha, entra dans la cheminée, y mit le feu & inonda une vaste omelette que faisait la jolie fille du fermier. Moi je roulai à bas sans toucher les tuiles ni la terre, parce qu'il y avait un pied de neige. Voilà les chiens & les gens en allarme. Ah! comment! c'est-vous! me dit la belle Mariane qui était sortie la premiere, une longue cuillière de bois à la main. Elle en épouste mon manteau, & me fait entrer; je l'embrasse. Sa mere & le frere Jacques font de grands signes de croix & se rasseaient à table, en m'accablant de questions. Un petit moment, leur dis-je, commençons par manger, je suis à jeun depuis vingt jours;

qu'on cherche mon chat & qu'on apporte l'omelette, telle qu'elle est; une huile de girofle qui vient de la Lune, ne l'a rendue que meilleure. Je tranquillisai tout le monde en jettant des oignons sur le brasier, qui éteignirent le feu de la cheminée. (23)

Bien repu & reposé, on me reména chez moi avec mon équipage dans une charette couverte. Je dis à mes amis que j'étais allé voir mon oncle le Curé, & j'employai le reste de la *Lune Mère*, c'est-à-dire jusqu'au vingt-un Janvier, à rédiger la présente rélation que j'ai l'honneur de vous adresser à tems & franche de port.

C'est le fruit des leçons du Sylphe Pyrodès.

---

(23) J'examinai les instrumens que j'avais laissés : le Termomètre était à six dégrés audessous de zero, le Barometre à vingt-sept pouces dix lignes trois dixiemes, & il faisait un beau clair tems. Ai-je menti ? vous voyez qu'on ne sçaurait être plus en régle.

Notes à ajouter à cette seconde partie.

(a) Page 2 : Les principaux Druides ont été les tiges des familles que nous nommons *de l'ancienne Chevalerie de Rianole*. Un Sénéchal de ce pays, de qui descend la maison de Lenoncourt, portait encore au troisiéme siécle, le nom de son origine : il se nommait *Dreux de Cinan*. *Revoyez la note huitieme de la première partie.*

(b) Ibidem : Un des descendant de Pyrodès bâtit, (comme il est indiqué dans la Préface), le fameux Château du Pirou, dans la basse Normandie, au diocèse de Corentain, sur le bord de la Mer, vis-à-vis les Isles de Gersei & de Guernesey. Ses nombreux enfans participans de la spiritualité de leur origine, furent doués de volatilité, sans abandonner l'hypotéque de leur domaine : c'est ce qui fait croire aux autres habitans, sans plumes, du pays, que ce merveilleux Château a été bâti par les Fées, bien des années avant que les Norvégiens ou Normans vinssent habiter la Neustrie. Ils disent que ces Fées étaient filles d'un grand Seigneur du pays, célébre Magicien & qu'elles se metamorphosérent en des Oies sauvages dans les tems que les Normands descendirent à *Pirou* & que ce sont ces Oies-là même qui reviennent tous les ans faire leurs nids dans ce Château.

Les spéculatifs du pays augurent bien de la fertilité de l'année, toutes les fois que ces Oies y viennent en grand nombres.

L'ancienne maison du Pirou portait pour armes: *de sinople à bande d'argent, acostée de deux cottices de même.*

Voyez Vigneul-Marville; Moreri, T. 5. édition de 1732. Dict. généalogique, Héraldique, T. 6; &c.

(c) Page 5. C'est Pyrodès qui au douziéme siécle transporta dans un Ballon, *Conon* Comte de Richecourt avec ses chaines, de sa prison en Palestine, à la porte de l'Eglise de saint Nicolas-de-port, en une nuit.

Le même étant l'esprit familier du Duc René I. lui fit instituer à Ellivénul en 1444, un ordre de Chevalerie de cinquante hommes sans reproches, dont le chef était Saint Maurice; il fut nommé l'ordre *du Croissant*, ou *de la Lune*, avec l'obligation à chaque Chevalier de porter au bras droit un Croissant d'or, en reconnaissance des services que Pyrodès avait rendus à ce Prince, & des sciences qu'il lui avait apprises.

FIN.

INSCRIPTION
DE LA PORTE
STAINVILLE
A NANCY.

DIALOGUE
DU SYLPHE
PYRODÈS
AVEC L'ABBÉ B.
ACADÉMICIEN DE PARIS,
L'AN MMCCCCXL.

Touchant une Inscription qu'ils trouvèrent dans des ruïnes à Nancy.

L'ABBÉ.

DEpuis dix ans, mon cher Pyrodès, que vous avez la complaisance d'être mon esprit familier, vous m'avez donné de si bonnes leçons qu'enfin mon mérite a prévalu, & que j'ai obtenu de m'asseoir dans un fauteuil de l'Académie *des inscriptions & belles lettres* de la Capitale du Royaume de France.

Si l'on excepte mon bon ami, qui est aussi pourvu d'une calotte & d'un fauteuil, je défie de me citer quelqu'un dans le monde, plus expert que moi dans l'art de déchiffrer des Hyérogliphes, des Médailles, des Epitaphes, des Inscriptions quelconques en langues mortes.

PYRODÈS.

Voyons, en attendant le diné, si vous avez aussi bien profité que vous le dites : depuis deux heures que nous sommes arrivés, vous n'avez pas perdu vôtre tems de vous promener dans ces ruines ; car j'apperçois des ouvriers en admiràtion autour d'un Marbre qu'ils viennent de découvrir en fouillant ; vous voilà bien aise ; c'est une inscription : lisez & expliquez.

L'ABBÉ.

Ah ! ah ! c'est du Latin ; cela vient des Romains :

Regnante Ludovico XVI.
Delphino galliæ votis dato,
Pace Terrâ Mari que partâ.
Insigne Ducis optimi nomine monumentum
Memor beneficiorum posuit Lotharingia.
Anno M. DCCLXXXIV.

Voici la traduction littérale en Français :

Sous le règne de Louis XVI.
Un Dauphin étant accordé aux vœuxde la France.
La Paix étant obtenue sur Terre & sur Mer.
La Lorraine, qui se souvient des bienfaits,
A bâti un monument considérable, au nom d'un Duc très-bon,
l'An 1784.

PYRODÈS.

Il y a donc six cens cinquante-six ans, que

cette inſcription a été poſée; mais elle n'en eſt pas moins une énigme dont toute votre ſcience ne vous tirera pas. Dites moi au juſte à quelle eſpèce de monument elle était attachée, comment s'appellait ce chef dont il eſt parlé, &c. dévinez, c'eſt votre métier.

L'ABBÉ.

Je trouve bien dans mes tables chronologiques un Louis XVI, dit le ſage, encore jeune, qui régnait en France depuis onze ans, où il était aimé & admiré tant de ſes ſujets que des étrangers.

La Lorraine, pays voiſin & ami, prenait ſans doute part à la joie des Français qui ſe voyaient heureux ſous un tel Roi, ſur tout depuis la naiſſance du Dauphin qu'ils avaient attendu longtems.

Des nations rivales, croyant profiter de l'âge & de la douceur du Monarque Français, s'étaient jettés ſur ſes poſſeſſions & l'avaient attaqué de tous les côtes. La terre & la mer furent enſanglantées pendant pluſieurs années; enfin une paix générale venait de ſe conclure; le temple de Janus était fermé comme du tems d'Auguſte; la tranquillité, toujours préférable aux triomphes de la guerre, quoi qu'acquiſe par des négociations, des prières, des ſacrifices même de territoires, venait d'être rendue au Royaume, & tout le globe était en repos.

La Lorraine, comme alliée, fut expoſée par ſon voiſinage aux violences des ennemis qui ménaçaient les frontieres de la France. Mais le Roi la protégea toujours par ſes troupes, & li périt un grand nombre de Seigneurs & d'Officiers Français qui s'étaient dévoués à la défense de ce Duché. Son ſouverain qu'on appellait *Duc*, & qui était renommé par ſa bonté, c'était peut être le *bon Duc Antoine*, étant alors abſent, ſans doute à Paris, envoya ordre aux Etats de ſon pays d'ériger un mauſolée ſuperbe où ſeraient raſſemblés les corps de cette brave nobleſſe, en reconnaiſſance des ſervices ſignalés que la Lorraine en avait reçus.

PYRODÈS.

Voilà un commentaire hiſtorique parfaitement bien ajuſté aux termes de l'inſcription; mais il eſt bon que vous ſachiez qu'il n'y a pas un mot de vrai, excepté ce qui concerne le Roi de France. D'abord les Français n'ont point eu de guerre ſur terre alors, & s'en ſont bien paſſés; il n'y a pas eu un coup de fuſil tiré entre eux & les Anglais, que les vaiſſeaux n'en euſſent été complices, pas un pouce de terre envahi ſur le continent de l'Europe. Cette guerre n'a pas été générale, deux autres nations ſeulement y ont pris part, & bien loin d'avoir ſollicité la paix, Louis XVI, qui n'avait entrepris la guerre que pour venger la nation de ſes affronts paſſés, & procurer à l'Amérique & aux Mers une liberté que le deſpotiſme inſultant des Anglais leur avaient arrachée, le magnanime Louis XVI, dis-je, qui avait vu les ſuccès couronner ſes intentions généreuſes, fut l'arbitre de la paix. J'ai été témoin de tout cela, ayant parcouru la terre dans ce tems depuis l'an 1760, juſqu'au premier Décembre

1783 ; que je retournai à mes fonctions dans la Lune d'où j'étais parti après la onziéme période victorienne depuis ma spiritualisation ; & je veux bien vous dire aujourd'hui que je suis sur la terre cette fois ci depuis 148 ans, y étant revenu à la douziéme période.

L'ABBBÉ.

En ce cas là, il n'y à qu'un mot de bon dans la troisiéme ligne, c'est *Pace* ; *partâ* est infidele ; *Terrâ* est faux ; *Terrâ Mari que* sont superflus.

PYRODÈS.

Ce n'est encore rien, le monument où était cette inscription n'était pas un tombeau, la guerre n'avait causé la mort à personne dans le voisinage. C'était une triple porte décorée d'architecture, qui terminait une grande & belle place dont la ville venait de s'agrandir, & l'écriteau était attaché à la hauteur de trente-cinq pieds.

L'ABBÉ.

Cela ne se peut pas ; *monumentum* signifie plutôt un Tombeau que tout autre chose, étant dérivé de *moneo*, *j'avertis*. Le mot *memor* annonce que c'est en mémoire de quelqu'un qui n'est plus. *Insigne* fait présumer de son étendue, de sa magnificence & de l'importance du motif qui l'a fait ériger ; tandis que tout l'objet d'une porte de ville est d'en ouvrir ou fermer l'entrée, & *porta* est son vrai nom latin (1). Si vous ne m'assuriez pas le contraire, je croirais toujours que c'est une Epitaphe qui était appliquée à un monument funèbre, au vaste Sépulchre des Bienfaiteurs de la Lorraine.

Il est vrai que je ne puis dire où, ni comment était ce Tombeau, ni même si ce Marbre y fut jamais attaché, le pronom *hoc* y manque; il semblerait que ce fut un régistre comme les Tables de Moyse, destiné à conserver le souvenir & la datte d'un certain monument que la Lorraine avait érigé quelque part, on ne sait pourquoi, par ordre de son Souverain.

PYRODÈS.

Mais vous parlez d'un Souverain particulier de la Lorraine; elle n'en avait plus d'autre alors que Louis XVI: depuis dix-huit ans, cette Province était réunie à la France; l'erreur où vous tombez vient de l'équivoque des mots *Ducis optimi* de l'inscription. On voulait par cette formule désigner un Seigneur, bon à la vérité, mais revêtu encore d'une dignité éminente, & commandant pour le Roi en Lorraine sa patrie dont il soutenait, auprès du trône, les intérêts de tout son zèle & de tout son crédit; en un mot c'était le *Maréchal Duc de Stainville*, dont le nom chéri fut donné à cette porte. Celle-ci & le quartier voisin ont été culbutés par un tremblement de terre ar-

(1) La Porte *du Peuple* & la Porte *Pie* à Rome, de la composition du célébre Michel-Ange, sont appellées *Porta* dans leurs inscriptions.

rivé enfuite, & la montagne voifine, en s'écroulant, en a couvert les débris.

L'ABBÉ.

Si *Dux optimus* n'indique pas le Duc regnant en Lorraine, il fignifie autant un *très-bon conducteur*, qu'un *général excellent*, & il n'y a pas apparence qu'on ait voulu célébrer cette qualité là exclufivement.

La prépofition *fub* devant *nomine* n'a pu fe fous entendre fans amphibologie, car Cicéron a dit : *nomine tuo*, de votre part ou par votre ordre, *nomine amicitiæ*, au nom de l'amitié ; & Quintillien : *feruntur Libri fub nomine ejus*, il y a des Livres qui portent fon nom.

Vous voulez encore me faire croire qu'il eft queftion des bienfaits de ce Seigneur : en ce cas, le vague génitif *Ducis optimi* aurait deux nominatifs *beneficiorum & nomine*, & ce ferait un folécifme.

Je ne vois pas ce qui pouvait empêcher de nommer expreffément M. de *Stainville*, ce mot n'eft pas moins fonore en Latin qu'en Français. J'ai affés de connaiffances en généalogie pour favoir que ce Maréchal était de la famille des *Choifeul*, mais que fon nom adoptif, celui qu'il fignait & fous lequel fa mémoire eft parvenue avec honneur jufqu'à nous, était *Stainville*, parce qu'Etienne de Stainville, Gouverneur de la Tranfilvanie, dernier mâle d'une illuftre maifon du Barrois, avait inftitué fon héritier univerfel François-Jofeph de *Choifeul* (mort le 27 Novembre 1769), dont il était oncle maternel, à charge de porter fon nom & fes armes.

Ce *Choiseul* était père du Duc en question.

Pillade Chanoine de St. Diez emploie assés décemment le nom de *Stainville* dans son poëme de la guerre d'Antoine Duc de Lorraine contre les Paysans Luthériens révoltés d'Alsace en 1525. On y lit au vers 707 du premier Livre.

Martius hîc aderat pariter Stenvillius heros.
On y voyait aussi le héros de Stainville.

Au 228. du sixéme Livre.

Stenvillo pariter fuerat donata secunda
Polia cui paret tanto decorata patrono.
Au second escadron *Stainville* commandait
Et fiere d'un tel chef sa troupe le suivait.

Au 494. du même Livre.

Hanc aciem primam Stenvillius ille Joannes (2)
Acer ponè subit sonipes quem portat anhelus :
Armis fulgentum sequitur quem clarior ordo
Nobilium, valdè quos torquet martius ardor
Bellandi, & venientem tollere comminùs hostem.

Jean de Stainville alors sur un cheval ardent
Va vîte se placer après le premier rang.
Avide de combats, l'éclatante noblesse
Dans un ordre imposant, à le suivre s'empresse.

(2) Il était fils de Louis de Stainville Sénéchal du Barrois, qui avait été gouverneur du Duc Antoine.

L'ancienne Baronie de Stainville fut érigée le fept Avril 1722 en Marquifat, & en Novembre 1758 en Duché : ce font des titres d'honneur qui n'augmentent pas la puiffance du titulaire fur fes vaffeaux, & malgré l'autorité féodale qu'avaient les feigneurs du tems du bon Duc Antoine, Pillade en fidele hiftorien a eu un foin fcrupuleux de ne pas confondre les dignités. Il diftribue avec jufteffe aux chefs Lorrains ou Français de l'armée, les épithètes de *princeps*, *Comes*, *Marchio*, *præfes*, *infignis*, *hæros*, *patronus*, &c. Jamais il n'emploie le mot *Dux* que pour défigner le Souverain. S'il parle du *Duc de Guife*, frere du Duc de Lorraine, qui commandait les troupes Françaifes en Champagne pendant la prifon de François I. il l'appelle *Comarchus*, c'eft le vrai nom, venant de deux mots Grecs qui fignifient Seigneur ou Commandant d'un bourg ; Plaute s'en fert dans ce fens : voici le paffage de Pillade, livre 2, vers 571.

Nunciat armifonum gallorum non procul agmen
Nobilium, *Francis quod* Dux *conflaverat oris*,
Cujus primus erat mavortius ille Comarchus
Guifia *cui paret præftanti corpore Ductor.*

De brillants chevaliers qu'aux frontieres de France
Antoine a raffemblés, déja la troupe avance.
Sur un cheval fringant, à leur tête parait
Ce vaillant Duc de Guife, &c.

Si l'infcription faifait partie de la porte, l'adjectif *infigne*, cloué à *monumentum*, eft non feulement une cheville, mais encore l'expression d'une vanité impolie qui n'était sûrement pas dans l'intention des commettans. On laisse au charlatan le soin de vanter sa drogue ; mais il est honnête de permettre à un connaisseur d'examiner le morceau d'architecture qu'il rencontre, avant qu'il y applaudisse ; il sera toujours indigné de la suffisance qu'une pareille inscription prêterait à l'auteur de cette fabrique, en lui faisant publier lui même la beauté, l'importance de son œuvre.

PYRODÈS.

A merveille ; vous parlez si juste que je vais achever de vous mettre au fait. La ville de Nancy devait aux bons offices du Maréchal de Stainville son agrandissement & l'autorisation du Gouvernement pour ses nouveaux embellissemens, il avait d'ailleurs rendu de grands services à la Lorraine en obtenant la modération de ses impôts, &c. Les Chefs de la ville, organes de la Province, donnèrent le nom de ce Seigneur patriote à la porte comme à la place qu'elle terminait, & prièrent l'Académie Royale des sciences du pays, de proposer au Concours la meilleure inscription pour sujet d'un prix extraordinaire, dans laquelle on ferait mention principalement des Fondateurs, du Patron & de l'Autel ; trois choses qui justement sont omises ici, puisque vous n'y trouvez exprimés ni la porte, ni Stainville, ni la ville de Nancy.

On avait donné la liberté d'écrire en Latin ou en Français, en Prose ou en Vers. La multitude de pieces Lorraines, qui furent composées en tout genres à ce sujet, prouve seule, plus que les meilleurs phrases, la reconnaissance de la Province envers son illustre bienfaiteur.

L'Académie de Nancy, à la vue de cette foule, a eu la rare modestie de se suspecter. Elle a pris pour juges-tiers une société d'antiquaires de Paris à qui elle a envoyé le paquet des inscriptions Lorraines. Deux membres célébres de cette compagnie, qui est la vôtre, mirent le tout au creuset; il en est sorti un résidu auquel ils ont ajouté une dose d'alliage de leur crû, & le préjugé en faveur du savoir Parisien a fait donner la préférence au produit de leur fonte, qui cependant n'a pas même le mérite de la difficulté vaincue.

Un de mes descendans qui habitait *Ellivénul* voulut s'essayer dans cette lice; il partit un beau jour au milieu de la nuit dans un *Tambour volant* qu'il avait exécuté d'après des instructions que j'avais laissées à ma famille, & dont le manuscrit lui était parvenu de père en fils. Il me vint trouver sécrétement dans la Lune le trente-un Décembre 1783, & je lui donnai pour ses étrennes deux inscriptions de ma façon la premiere est en trois vers Latins, genre difficile, mais plus majestueux, & qui remplissait les conditions multipliées du programe, dans si peu d'espace; la voici:

LUDOVICO XVI. *regnante,*
DELPHINO *tandem donati* & Pace *Lothari,*
STAINVILLO, *ter erant felices, auspice:*
Trinam hanc memores Portam jusserunt condere cives.
anno 1784

J'y fais allusion aux trois portes du monument; qui devaient être surmontées de bas-reliefs analogues aux trois événemens que l'on voulait célébrer.

Il m'en demanda encore une Française; j'y ai supprimé l'article du Dauphin comme inutile, parceque c'était déja une vieille nouvelle, ce Prince avait trois ans; les Lorrains avaient témoigné dans le tems leur joie de sa naissance, & continuaient leur vœux pour sa conservation.

Sous le règne de LOUIS XVI,
Libérateur de l'Amérique & des Mers,
La Ville a érigé ce monument de sa reconnaissance
Au Maréchal de STAINVILLE, *Commandant*
Et Bienfaiteur de la Lorraine.
l'an 1784

Qu'en pensez vous, Monsieur, l'Antiquaire?

L'ABBÉ.

Que les Lorrains n'ont pas dû s'avouer vaincus, quoique le zéle eût peut être surpassé les talens de plusieurs. Pour la décharge de leur honneur, ils ont eu ſoin ſans doute, d'indiquer le lieu où l'inſcription avait été fabriquée, de peur que ceux de leurs deſcendans qui auraient vu le pont de Beaune, ne s'imaginaſſent qu'elle avait été faite à Nancy comme la porte. Au reſte, je dois en conſcience défendre la réputation ancienne & nouvelle de ma compagnie, & je ſoutiens, que ſi mes deux prédéceſſeurs n'ont pas répondu à ce qu'on attendait de leur célébrité, c'eſt qu'ils n'avaient pas lu le programe.

PYRODÈS.

C'eſt bien trouvé, allons diner.

FIN.